Easy Cook
食在家常

悦食粤香

甘智荣 主编

U0222269

江苏凤凰科学技术出版社

图书在版编目（CIP）数据

悦食粤香 / 甘智荣主编 . -- 南京 : 江苏凤凰科学
技术出版社 , 2018.7

ISBN 978-7-5537-8308-6

Ⅰ.①悦… Ⅱ.①甘… Ⅲ.①粤菜 - 烹饪 - 基本知识
Ⅳ.① TS972.117

中国版本图书馆 CIP 数据核字 (2017) 第 122684 号

悦食粤香

主　　　编	甘智荣
责 任 编 辑	祝　萍　陈　艺
责 任 监 制	曹叶平　方　晨

出 版 发 行	江苏凤凰科学技术出版社
出版社地址	南京市湖南路 1 号 A 楼，邮编：210009
出版社网址	http://www.pspress.cn
印　　　刷	北京旭丰源印刷技术有限公司

开　　　本	718 mm × 1000 mm　1/16
印　　　张	12
字　　　数	163 000
版　　　次	2018 年 7 月第 1 版
印　　　次	2021 年 11 月第 2 次印刷

标 准 书 号	ISBN 978-7-5537-8308-6
定　　　价	39.80 元

图书如有印装质量问题，可随时向我社出版科调换。

清鲜和美，独占潮头

中国广东省，自古便是重要的通商口岸，商贸繁荣，大量的物资、人员在那里聚沙成塔。民以食为天，大家的饮食习惯、口味偏好千差万别，中西方饮食文化的交融也促成了国内外烹饪理念与技巧的交流与传播。

得天独厚的地理优势让广东人如鱼得水，一方面汲取国内其他地方菜系的精华为之所用，另一方面也能合理地糅合中外烹饪理念与技巧，独闯出一条新路。这让粤菜有着传统的一面，也有着创新的一面，中西合璧，独领风骚数百年。单论那道巧夺天工的菊花鱼，便是于模仿中创新的佳品。该菜借鉴了苏州名菜松鼠鳜鱼的做法，取中国南北菜系之所长，形似朵朵绽放的菊花，色艳味鲜，入口酸甜，让人由衷赞叹。

中国人讲究家和万事兴，"和"有协调、相安、静美之意。简单的一个"和"字融入了无数的生活感悟与文化积淀。广东人更讲究以和为贵、和气生财，同时也将"和"文化灌输进烹饪调味当中。主要体现在两个方面，一是多种食材的和谐搭配，二是多种味道的调和。粤菜的选料格外广泛、精细，天上飞的、地上跑的、水里游的，无所不用，品种花样繁多，也有"不时不食"之说，如佛山人常挂嘴边的"三月黄鱼四月虾，五月三黎焖苦瓜"，吃鱼讲究的"春鳊秋鲤夏三犁隆冬鲈"等，老饕们吃的就是这个传统与时令。粤菜的选料用量与烹饪、装饰都精工细琢，让人获得美味体验的同时，也能获得视觉上美的享受；在口味上讲究"清、鲜、嫩、爽、滑、香"，清中求鲜，淡中求美，强调食材的原汁原味，非常符合现代人对营养均衡、饮食健康的要求。

这本书将为你介绍粤菜的三大分支、特点及主要烹饪方法，教会你如何更好地在烹饪中锁住蔬菜营养，了解多种海鲜的选购、保鲜、处理、烹饪技巧，学会煲制广式靓汤及营养喝汤秘诀，并结合大量实图和烹饪步骤演示向你讲解素食、肉类、禽蛋类、水产海鲜类等多种菜式的烹饪方法和技巧。希望本书能有助于你更好地了解粤菜、学习粤菜，常学常新，自己动手做出别致新颖、美轮美奂的丰盛家宴。

阅读导航

菜式名称

每一道菜式都有着它的名字，我们将菜式名称放置在这里，以便于你在阅读时能一眼就找到它。

辅助信息

这里标记着这道菜的烹饪时间、口味、营养功效及适用人群。

蒜薹炒山药

🕐 4分钟	✖ 降压降糖
🔥 清淡	👤 糖尿病患者

山药含多种维生素及人体必需的微量元素，可增强人体免疫力。蒜薹清爽脆嫩，带着淡淡清甜之味，溢出来的汤汁经过山药的融合，变得鲜甜诱人。蒜薹的油绿，山药的嫩白，甜椒的红黄，相映成趣、清新怡然，犹如一幅描绘大自然风光的画作。这道全素餐，菜色鲜亮，清淡营养，让人在享受美味的同时还能兼顾健康。

美食故事

没有故事的菜是不完整的，在这里我们将这道菜的所选食材、产地、调味、历史、地理、人文故事等留在这里，用最真实的文字和体验告诉你这道菜的魅力所在。

材料与调料

在这里你能查找到烹制这道菜所需的所有材料和调料的名称和用量，以及它们最初的样子。

材料		调料	
蒜薹	150克	盐	3克
山药	150克	鸡精	2克
彩椒片	20克	白糖	2克
		水淀粉	5毫升
		食用油	适量

菜品实图

这里将如实地为你呈现一道菜烹制完成后的最终样子，菜的样式是否悦目，是否会勾起你的食欲，你的眼睛不会说谎。此外，你也可以通过对照图片来检验自己动手烹制的菜品是否符合规范和要求。

步骤演示

你将看到烹制整道菜的全程实图及具体操作步骤的文字要点，它将引导你将最初的食材烹制成美味的食物，完整无遗漏，文字讲解更实用、更简练。

食材处理

❶ 将洗好的蒜薹切段。

❷ 把去皮洗净的山药切丝，浸泡在水中。

❸ 锅中注水，加少许盐和食用油烧开。

❹ 倒入蒜薹、山药焯烫 1 分钟。

❺ 倒入彩椒片略烫。

❻ 捞出焯好的食材。

做法演示

❶ 热锅注油，倒入山药、彩椒、蒜薹拌炒约 2 分钟。

❷ 加入剩余盐、鸡精、白糖炒匀。

❸ 加入少许水淀粉。

❹ 快速拌炒均匀。

❺ 起锅，盛入盘内即可食用。

小贴士

◎ 山药可红烧、蒸、煮、油炸、拔丝、蜜炙等，也可用于制作糕点。
◎ 山药宜去皮食用，以免产生麻、刺等异常口感。

养生常识

★ 山药是虚弱、疲劳或病愈者恢复体力的最佳食品，不但可以抗癌，对于癌症患者治疗后的调理也极具疗效。
★ 经常食用山药能提高免疫力、预防高血压、降低胆固醇、利尿、润滑关节。

食物相宜

降压降糖

蒜薹

＋

生菜

缓解疲劳

蒜薹

＋

猪肝

促进食欲

蒜薹

＋

猪肉

食物相宜

结合实图为你列举这道菜中的某些食材与其他哪些食材搭配效果更好，以及它们搭配所能达到的营养功效。

小贴士 & 养生常识

在烹制菜肴的过程中，一些烹饪上的技术要点能帮助你一次就上手，一气呵成，零失败，细数烹饪实战小窍门，绝不留私。了解必要的饮食养生常识，也能让你的饮食生活更合理、更健康。

第1章
了解粤菜

Contents ｜目录

第2章
清香素食，以本味先行

第3章

浓香畜肉，色诱的味道

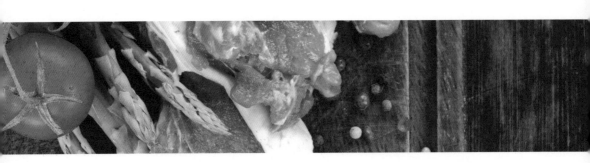

第 4 章
美味禽蛋，食补之佳肴

第 5 章

鲜嫩水产海鲜，粤菜之家常

附录
掌握水产海鲜美味诀窍

第1章

了解粤菜

广东人的精明在粤菜上得到了淋漓尽致的体现，嘴馋、会吃，尤擅烹调，在秉承传统中勇于求新、求变，这也是粤菜得以在众多菜系中脱颖而出、屹立潮头的关键。本章将为你介绍粤菜的三大分支、三大特点、烹饪方法以及锁住蔬菜营养的烹调秘诀，带你领略广东粤菜的瑰丽与精妙。

粤菜的三大分支

粤菜有三大分支，分别是广州菜、东江菜、潮州菜这三种地方菜系，其中又以广州菜为代表。

广州菜

广州就像粤菜的品性，可以海纳百川。广州菜作为粤菜的一个分支，赢得了"食在广州"的美誉，是汇集珠江三角洲和肇庆、韶关、湛江等地特色的民间美食。

广州菜取料广泛，品种花样繁多，天上飞的、地上爬的、水中游的……几乎都能上席，令人眼花缭乱。同时广州是历史悠久的通商口岸城市，获得了外来的各种烹饪原料，吸取了好的烹饪技巧，使广州菜日益完善。

广州菜用量精而细，配料多而巧，善于变化。随季节时令的变化，广州菜在风味上也有所变化，夏秋重在清淡，冬春重在浓郁；食味讲究清、鲜、嫩、爽、滑、香，调味遍及酸、甜、苦、辣、咸，这就是所谓的五滋六味。

广州菜是粤菜的代表，烹调方法就有二十多种，尤其以烩、煎、炒、炸、煲、灼、炖、扣等见长，讲究火候和油温。烹制出的菜肴讲究色、香、味、形俱全，以及摆盘精美。较有特色的广州菜有湛江白切鸡、白灼虾、清蒸海鲜等。

由于气候的原因，广州菜中十分注重汤水。俗话说："宁可食无菜，不可食无汤。"广东人十分喜爱喝老火靓汤，这与广州湿热的气候密切相关。而且广州汤的种类会随季节转换而改变，长久以来，煲汤就成了广州人生活中必不可少的一个部分。先上汤，后上菜，几乎成为广州宴席的既定程序。

东江菜

东江菜又称"客家菜"。客家人原是中原人，在汉末和北宋后期因避战乱南迁，反客为主，聚居在广东东江一带，其语言、风俗与饮食习惯尚保留了中原固有的风貌。

东江菜以惠州菜为代表，食材多用肉类，主料突出，大多以家禽和野生动物为主，水产品较少；酱料简单，原汁原味，一般只用葱、姜、蒜、香菜调味，极少添加或不加过重过浓的酱料，简简单单，却能最大程度地保留食材的原味，即"饭有饭香，肉有肉味"；讲究清鲜香浓，咸香软糯，即"无鸡不清，无肉不鲜，无鸭不香，无鹅不浓"。东江菜注重火功，以炖、焗、煲、酿见长，尤其以砂锅菜闻名，有独特的乡土风味。

传统的东江菜偏重于"肥、咸、香"，下油重，口味偏咸，这主要与客家人以往的生活水平和风俗习惯有关。南迁后的客家人，很多人居住在山间僻地，加之家庭贫穷，劳动强度大，食用肥腻一点的食物能有效充饥，"肥"由此而来；在高温下劳动，盐分不可或缺，食用含盐量高的食物，还可减少副食的用量，"咸"由此而来；为了适应迁徙生活，客家人

将蔬菜类、肉类等许多食物腌制、晾干保存，这些食物中添加有葱、姜、蒜、香菜等辛香的调料，"香"由此而来，这就是客家人适应生活的智慧。于是，客家菜讲究清鲜香浓，咸香软糯，卖相不求精致但求饱腹。

现今，随着饮食文化的不断发展，东江菜经过不断创新，逐步形成了自己的地域特色，注重"原汁原味、美味可口、回味无穷"。烹调方法以煮、煲、蒸、烩和炖等居多，既保持食材原有的香味，又可以给人舒适的口感，还不会轻易破坏食物本身的营养价值和纤维组织。

值得一提的是，客家菜式的家常菜中，豆腐菜占据了很大的比例。客家人酿豆腐源于中原时包饺子的习惯，因迁徙到岭南地区时无面粉可包饺子，就想出了酿豆腐的吃法。客家人有多种豆腐煮法，包括餐前吃的豆腐花，当主菜的煎酿豆腐、豆腐煲、糯米酿豆腐、炸豆腐皮等，还有下饭小菜豆腐乳等。

细细品尝客家菜，总觉得它既有北方风味，又有南方特色，平淡中可出真味。源于天然，归于自然，这也可以视为客家饮食文化的经典要素。

潮州菜

潮州府故属闽地，其语言和习俗与闽南相近，隶属广东之后，又受珠江三角洲的影响。故潮州菜接近闽、粤，汇两家之长，自成一派。

潮州地处亚热带，南临南海，海产丰富。潮州菜具有岭南文化特色，以烹调海鲜见长。潮州菜选料讲究，以鱼、虾、蟹以及各种壳类海鲜为主料，每一种海鲜都可烹制出多种不同的菜肴，如白灼基围虾、茄汁虾丸、豉油皇焗虾等。

潮州菜制作精细，烹调方式有蒸、炖、煎、炸、灼、烧、扣、炒、泡等。其中文火炖，是利用炖盅外的水蒸气，使炖盅内的主料吸收配料之精华，相互交融一体，不失原味；灼、泡则是最大限度地使食材保留原汁原味。

潮州菜的样式也独具特色，尤其是以蔬果为原料的菜肴，素菜荤做，素而不斋。它是通过肉类烹制而成，让肉味渗入菜中，让蔬果软烂不糜，饱含肉味。上席时只见菜不见肉，清而不淡，郁而不腻，鲜美可口。

潮州菜特别重视酱料调味，不同菜色配以不同酱碟，如鱼露、沙茶酱、酸梅酱、红豉油等酱料，咸甜酸辣各有讲究，最终达到新鲜美味，清而不淡，鲜而不腥，浓而不腻。

潮州菜不仅讲究色、香、味俱全，还讲究形，即在造型上追求赏心悦目，因此潮州菜还注重刀工技术，力求拼砌整齐美观。厨师通常会将萝卜、竹笋、薯类精工雕刻成各式各样的造型，如以花、鸟等作为点缀，看着就让人食欲大增。

说到潮州菜必有清汤，清汤鲜甜清纯，制作极为精细，且有滋补养生功效。俗语说："千补万补，不如食补。"滋补菜肴多以营养价值高的原料和中药补品烹制而成，如药膳乌鸡汤、虫草花鸡汤、虫草花鸭汤等，均为滋补名菜。

此外，潮州菜筵席也自成一格。例如大喜席用 12 道菜，其中包括咸、甜点心各一件。喜席有两道甜菜，一道作头甜，一道押席尾，头道清甜，尾菜浓甜，寓意生活幸福，从头甜到尾，越过越甜蜜；有两道汤（羹）菜，席间穿插上功夫茶，增进食欲、解腻、解酒、帮助消化。

粤菜的三大特点

粤菜食谱绚丽多姿，烹调技艺精良而且方法众多，并以其用料广博、用量精细、注重品"味"著称。

选料广泛，品种花样繁多

广东地处亚热带，濒临南海，雨量充沛，四季常青，物产富饶，所以在食物选材上得天独厚，这也就造就了粤菜的第一个特点——用料广博。据粗略估计，粤菜的用料达数千种，各地菜系所用的家养禽畜、水泽鱼虾，粤菜无不用之；而各地所不用的蛇、鼠、猫、狗以及山间野味，粤菜则视为上肴。粤菜不仅主料丰富，而且配料和调料十分丰富。为了显出主料的风味，粤菜选择配料和调料十分讲究，配料不杂，调料是为调出主料的原味，两者均以清新为本，讲求色、香、味、形，且以味鲜为主体。

制作精细，追求享受

粤菜的第二个特点在于用量精细，装饰美而艳，且善取各家之长，为己所用，常学常新。如苏菜中的名菜松鼠鳜鱼，享誉大江南北，粤菜名厨运用娴熟的刀工将鱼改成小菊花形，名为"菊花鱼"。如此一改，能一口一块，用筷子及刀叉食用都方便、卫生，经苏菜改造，便成了粤菜。

清中求鲜，淡中求美

粤菜的第三个特点是注重菜品的"味"，风味上清中求鲜、淡中求美。烹调以炒为主，兼有烩、煎、炖、煲、扒，讲究清而不淡，鲜而不俗，嫩而不生，油而不腻。

粤菜的烹饪方法

烩

　　烩是指将原料油炸或煮熟后改刀，放入锅内加辅料、调料、高汤烩制的烹饪方法，这种方法多用于烹制鱼虾、肉丝、肉片等。

❶ 将所有原料洗净，切块或切丝。

❷ 炒锅加油烧热，放入原料略炒，或余水之后加适量清水，再加调料，用大火煮片刻。

❸ 加入芡汁勾芡，搅拌均匀即可。

操作要点

- 烩菜对原料的要求比较高，多以质地细嫩柔软的动物性原料为主，以脆鲜嫩爽的植物性原料为辅。
- 烩菜原料均不宜在汤内久煮，多经焯水或过油，有的原料还需上浆后再进行初步熟处理。一般以汤沸即勾芡为宜，以保证成菜的鲜嫩。

焖

　　焖是从烧演变而来的，是将加工处理后的原料放入锅中加适量的汤水和调料，盖紧锅盖烧开后改用小火进行较长时间的加热，待原料酥软入味后，留少量味汁的烹饪技法。

❶ 将原料洗净，切好备用。

❷ 将原料与调料一起炒出香味之后，倒入汤汁。

❸ 盖紧锅盖，改中小火焖至熟软后改大火收汁，装盘即可。

操作要点

- 要先将洗好、切好的原料放入沸水中焯熟或入油锅中炸熟。
- 焖时要加入调料和足量的汤水，以没过原料为好，而且一定要盖紧锅盖。
- 一般用中小火较长时间加热焖制，以使原料酥烂入味。

煎

日常所说的煎，是指先把锅烧热，再以凉油涮锅，留少量底油，放入原料，先煎一面上色，再煎另一面。煎时要不停地晃动锅，以使原料受热均匀，色泽一致，熟透后食物表面会成金黄色乃至微煳。

❶ 取适量原料备用。

❷ 锅烧热，倒入少许油，放入原料。

❸ 煎至食材熟透，装盘即可。

操作要点

❖ 用油要纯净，煎制时要适量加油，以免油少将原料煎焦了。

❖ 要掌握好火候，不能用大火煎；油温高时，煎食物的时间往往较短。

❖ 掌握好调味的方法，一定要将原料腌渍入味，否则煎出来的食物味道不佳。

煲

煲就是把原料小火煮，慢慢地熬。煲汤往往选择富含蛋白质的动物原料，一般需要煲3个小时左右。

❶ 将原料洗净，切好备用。

❷ 将原料放锅中，加足冷水，用大火煮沸，改用小火持续20分钟，加姜和料酒等调料。

❸ 待水再次煮沸后用中火保持沸腾3～4小时，浓汤呈乳白色时即可。

操作要点

❖ 中途不要添加冷水，因为正加热的肉类遇冷收缩，蛋白质不易溶解，汤便失去了原有的鲜香味。

❖ 不要太早放盐，因为早放盐会使肉中的蛋白质凝固，从而使汤色发暗，浓度不够，外观不美。

炖

炖是指将原料加入汤水及调料，先用大火煮沸，然后转成中小火，长时间烧煮的烹调方法。炖出来的汤特点是滋味鲜浓、香气醇厚。

❶ 将原料洗净，切好，入沸水锅中汆烫。

❷ 锅中加适量清水，放入原料，大火烧开，再改用小火慢慢炖至酥烂。

❸ 最后加入调料即可。

操作要点

❂ 大多原料在炖时不能先放咸味的调料，特别不能放盐，因为盐的渗透作用会严重影响原料的酥烂，延长加热时间。

❂ 炖时，先用大火煮沸，撇去泡沫，再改小火炖至酥烂。

❂ 炖时要一次加足水量，中途不宜掀盖加水。

蒸

蒸是一种重要的烹调方法，其原理是将原料放在容器中，以蒸汽加热，使调好味的原料成熟或酥烂入味。其特点是保留了菜肴的原形、原汁、原味。

❶ 将原料洗净，切好备用。

❷ 将原料用调料调好味，摆于盘中。

❸ 将其放入蒸锅，用大火蒸熟后取出即可。

操作要点

❂ 蒸菜对原料的形态和质地要求严格，原料必须新鲜、气味纯正。

❂ 蒸时要用强火，但精细的材料要使用中火或小火。

❂ 蒸时要让蒸笼盖稍留缝隙，可避免蒸汽在锅内凝结成水珠流入菜肴中，影响香味。

炸

炸是油锅加热后，放入原料，以食用油为介质，使其成熟的一种烹饪方法。采用这种方法烹饪的原料，一般要间隔炸两次才能酥脆。炸制菜肴的特点是香、酥、脆、嫩。

❶ 将原料洗净，切好备用。

❷ 将原料腌渍入味或用水淀粉搅拌均匀。

❸ 锅下油烧热，放入原料炸至焦黄，捞出控油，装盘即可。

操作要点

✪ 用于炸的原料在炸前一般需用调料腌渍，炸后往往随带辅助调料上席。

✪ 炸法最主要的特点是要用大火，而且用油量要足。

✪ 有些原料需经拍粉或挂糊再入油锅炸熟，视材料而定。

烤

烤是将加工处理好或腌渍入味的原料置于烤具内部，用明火、暗火等产生的热辐射进行加热的技法总称。其菜肴特点是原料经烘烤后，表层水分散发，产生松脆的表面和焦香的滋味。

❶ 将原料洗净，切好备用。

❷ 将原料腌渍入味后，放在烤盘上，淋上少许油。

❸ 放入烤箱，待其烤熟，取出装盘即可。

操作要点

✪ 一定要将原料加调料腌渍入味，再放入烤箱烤，这样才能使烤出来的食物美味可口。

✪ 烤之前最好将原料刷上一层香油或植物油。

✪ 要注意烤箱的温度，不宜太高，否则容易烤焦，同时要掌握好时间的长短。

锁住蔬菜营养，烹调有秘诀

蔬菜中含有许多易溶于水的营养成分。烹调新鲜蔬菜的第一步，就是要考虑如何保存住这些营养素，不让它们随水分流失。

不要久存蔬菜

很多人喜欢一周进行一次大采购，把采购回来的蔬菜存在家里慢慢吃，这样虽然节省了时间，也很方便。但蔬菜若放置一天就会损失大量的营养素。例如，菠菜在通常环境下（20℃）放置一天，维生素 C 的损失就高达84%。因此，应尽量减少蔬菜的储藏时间。如果要储藏，也应该选择干燥、通风、避光的地方。

蔬菜买回家后不能马上处理。许多人都习惯把蔬菜买回家以后就立即处理，处理好后却要隔一段时间才炒。其实我们买回来的包菜的外叶、莴笋的嫩叶、毛豆的荚都是有活细胞的，它们的营养物质仍然在向可食用部分供应，所以保留它们有利于保存蔬菜的营养物质。而处理以后，营养物质容易丢失，菜的品质自然下降。因此，不打算马上烹制的蔬菜就不要立即处理，应现吃现做。

不要先切后洗

许多蔬菜，人们都习惯先切后洗。其实，这样做是非常不科学的，因为这种做法会加速蔬菜营养素的氧化和可溶物质的流失，使蔬菜的营养价值降低。要知道，蔬菜先洗后切，维生素 C 可保留 98.4%～100%；如果先切后洗，维生素 C 就只能保留 73.9%～92.9%。正确的做法是：把叶片剥下来清洗干净后，再用刀切成片、丝或块，随即下锅烹炒。还有，蔬菜不宜切得太细，过细容易丢失营养素。据研究，蔬菜切成丝后，维生素仅保留 18.4%。至于花菜，洗净后只要用手将一个个绒球肉质花梗团掰开即可，不必用刀切，因为用刀切时，肉质花梗团便会被弄得粉碎不成形。当然，最后剩下的肥大主花大茎要用刀切开。总之，能够不用刀切的蔬菜就尽量不要用刀切。

蔬菜不要切成太小块

蔬菜切成小块，过 1 小时，维生素 C 就会损失 20%。蔬菜切成稍大块，有利于保存其中的营养素。有些蔬菜若用手可掰断撕开，就尽量少用刀切。

掌握做菜的火候

在烹调方法中，蒸对维生素破坏最少，煮法损失最多，煎法居中，其维生素破坏程度由低到高排列顺序是蒸、炸、煎、炒、煮。不论用哪种方法，都要热力高、速度快、时间短。做菜时还要盖好锅盖，这样可以防止水溶性维生素随水蒸气流失。

炒菜用铁锅最好

用铁锅炒菜维生素损失较少，还可补充铁质。若用铜锅炒菜，维生素 C 的损失要比用其他炊具多 2 ~ 3 倍。这是因为用铜锅炒菜会产生铜盐，可促使维生素 C 氧化。

炒菜油温不可过高

炒菜时，当油温高达 200℃ 以上时，会产生一种叫作丙烯醛的有害气体。它是油烟的主要成分，还会使油产生大量极易致癌的过氧化物。因此，炒菜还是用八成热的油较好。

少放调料

美国科学家的一项调查表明，胡椒、桂皮、白芷、丁香、小茴香、生姜等天然调料有一定的诱变性和毒性，多吃可导致人体细胞发生癌变，形成癌症，还会给人带来口干、咽喉痛、精神不振、失眠等副作用，有时也会诱发高血压、肠胃炎等多种病变，所以提倡烹调时少放调料。

连续炒菜须刷锅

经常炒菜的人知道，在每炒完一道菜后，锅底就会有一些黄棕色或黑褐色的黏滞物。有些人连续炒菜不刷锅，认为这样既节省了时间，又不会造成油的浪费。事实上，如果接着炒第二道菜，锅底里的黏滞物就会粘在锅底，从而出现焦味，而且会给人体的健康带来隐患。

蔬菜用沸水焯熟

维生素含量高且适合生吃的蔬菜应尽可能凉拌生吃，或在沸水中焯 1 ~ 2 分钟后再拌，也可用带油的热汤烫菜。用沸水煮根类蔬菜可以软化膳食纤维，改善蔬菜的口感。

第 2 章

清香素食，
以本味先行

随着生活水平的不断提高，如今的人们愈发重视自身的健康状况，这让绿色天然、营养健康的素食成为养生人士的新宠。粤菜的素食品种众多，取材广泛，别致的造型惹人喜爱。本章将为你介绍那些清鲜素雅的粤菜做法，淡淡的天然香气会拂去你一天的疲惫，为你带来纯净的感觉。

白灼菜心

🕐 4分钟　　✕ 开胃消食

🔥 清淡　　😊 老年人

　　在烹饪方法中，白灼无疑是最自然、最能保持原汁原味的方式。取一些菜心，焯水，以猛火处理2分钟，出锅，菜心依然油润青绿，营养素也尽在其中。无需过多的调味，没有繁琐的料理过程，搭配一个同样简约的调味碟，就可以上桌了。菜心脆嫩的口感、甘甜的滋味，与味汁的香味充分混合，清新爽口，足以让你一口享尽美味与营养。

材料		调料	
菜心	400克	盐	5克
姜丝	3克	生抽	5毫升
红椒丝	5克	味精	3克
		鸡精	3克
		芝麻油	适量
		食用油	适量

食材处理

❶ 将洗净的菜心修整齐。

做法演示

❶ 锅中加约 1500 毫升水，大火烧开，加入食用油、盐。

❷ 放入菜心，拌匀，煮约 2 分钟至熟。

❸ 将煮好的菜心捞出，沥干水分。

❹ 装入盘中备用。

❺ 取小碗，加入生抽、味精、鸡精。

❻ 加入少许煮菜心的汤汁。

❼ 放入姜丝、红椒丝。

❽ 倒入少许芝麻油拌匀，制成味汁。

❾ 将调好的味汁盛入味碟中。

❿ 食用菜心时佐以味汁即可。

小贴士

✪ 菜心又叫菜薹。辨别菜薹老嫩，一看是否已经开过黄色的花，开过花的就不好吃；二看是否空心，有的菜薹虽是主薹，但薹秆里已经空心，这样的菜薹有些老了；三看是否容易掐断，鲜嫩的菜薹一碰就断，如果老了，就不好掐断。

食物相宜

促进新陈代谢

菜心

＋

豆皮

利尿、清肺

菜心

＋

鸡肉

养生常识

★ 菜心是时令佳蔬，味道鲜美，营养丰富，一般人都可食用。

★ 吃剩的菜心过夜后易造成亚硝酸盐沉积，长期食用会引发癌症。

白灼芥蓝

⏱ 3分钟　　✂ 清热解毒
⚖ 清淡　　　☺ 一般人群

　　白灼芥蓝和豉油是绝配。将择好的整棵芥蓝洗净后，焯水，捞出，装盘；豉油、生抽调成味汁，均匀地淋在芥蓝上，显得格外青翠欲滴。芥蓝清甜而略带苦涩之味，豉油生抽汁咸鲜下饭，但含盐量偏高，二者相配，可谓完美互补。夹起后从菜头吃起，清甜爽脆，咀嚼时从牙齿间传出的阵阵脆响，让人无比满足。

材料		调料	
芥蓝	300克	盐	3克
红椒丝	10克	豉油	3毫升
		生抽	3毫升
		食用油	适量

食材处理

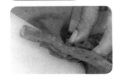

❶ 芥蓝洗净，将菜头切掉。

做法演示

❶ 锅中倒入适量清水。

❷ 加盐、食用油，加盖煮沸。

❸ 放入芥蓝。

❹ 用锅勺搅拌。

❺ 焯熟后捞出。

❻ 装入盘中备用。

❼ 撒上红椒丝。

❽ 盘底浇入豉油生抽汁即成。

小贴士

⊙ 购买时以选择叶色翠绿、柔软、薹茎新嫩的芥蓝为佳。

⊙ 芥蓝不宜保存太久，建议购买新鲜的芥蓝后尽快食用。

⊙ 因为芥蓝梗粗不易熟透，烹制时挥发水分必然多些，所以加入的汤水要比一般菜多一些，炒的时间也要长些。

⊙ 烹饪红椒时不宜炒制过久，以免营养流失过多。

⊙ 烹制不完的红椒用保鲜膜封好置于冰箱中，可保存 1 周左右。

⊙ 购买红椒时要选质量好的辣椒，最好选表皮有光泽、无破损、无皱缩、形态丰满、无虫蛀的。

食物相宜

防癌抗癌

芥蓝

西红柿

益气、消暑

芥蓝

山药

利尿

芥蓝

大白菜

奶油白菜

🕐 2分钟		✂ 降压降糖	
⚖ 清淡		☺ 高血压患者	

　　白菜是极为普通的食材，牛奶是香醇可口的饮品，二者相配，似乎有些不搭。可怎知，白菜在充分吸收牛奶的香味与营养后，犹如灰姑娘的完美蜕变，鲜润软滑，甘甜醇香，光闻闻就忍不住吞口水了。白菜和牛奶的热量都不算高，把它们当晚餐吃最好了，这一碗吃下去保证让你满足。但是想减肥的话，晚上就不能吃太多哦。

材料

大白菜	300 克
牛奶	150 毫升
枸杞子	2 克

调料

食用油	适量
盐	3 克
鸡精	3 克

❶ 将洗好的大白菜对半切开，切成长条。

❷ 锅中注入清水，烧开，加入少许盐、鸡精。

❸ 倒入大白菜煮约 2 分钟至熟。

❹ 捞出大白菜。

❺ 装入盘中备用。

做法演示

❶ 锅注入油烧热，倒入大白菜炒约 1 分钟至熟。

❷ 倒入牛奶。

❸ 加入剩余鸡精、盐。

❹ 倒入枸杞子拌炒至入味。

❺ 将煮好的大白菜盛入盘内。

❻ 淋上锅中的汤汁即可食用。

小贴士

✿ 长时间地煮牛奶会使牛奶变得更浓稠、营养价值更高这个观念是错误的。若想提高浓度，可以把牛奶放入冰箱，当出现浮冰时将冰取出，反复几次则可提高浓度。

食物相宜

保肝护肾

大白菜

猪肝

改善妊娠水肿

大白菜

鲤鱼

健脾益胃

大白菜

牛肉

蚝油生菜

🕐 2分钟　　✂ 清热利尿
⚖ 清淡　　😊 一般人群

　　生菜是简单朴实的食材，对配料的要求不高，只需要厨房里有一瓶蚝油就足矣。蚝油其实是个多面手，鲜、香、甜等味道一应俱全，对于生菜这样的食材，最适合不过了。生菜色泽翠绿、口感脆嫩，蚝油之味沁入生菜之中，瞬间让生菜变得柔软多汁，鲜美可口。吃起来清爽不腻，还有一丝清甜的味道。

材料		调料	
生菜	200克	盐	2克
		味精	1克
		蚝油	4毫升
		水淀粉	2克
		白糖	2克
		食用油	适量

食材处理

❶ 将生菜洗净，切成长条。

做法演示

❶ 用油起锅，倒入生菜。

❷ 翻炒约1分钟至熟软。

❸ 加入蚝油。

❹ 加味精、盐、白糖炒匀调味。

❺ 加入水淀粉勾芡。

❻ 翻炒至熟透。

❼ 将炒好的生菜盛入盘内。

❽ 淋上少许汤汁即成。

小贴士

⊙ 不要食用过夜的熟生菜，以免引起亚硝酸盐中毒。

⊙ 生菜在欧美及日本等国家主要是做成生菜沙拉食用。在我国，生菜主要是涮菜或炒着吃，生吃前一定要洗净。

⊙ 生菜以棵体整齐、叶质鲜嫩、无病斑、无虫害、无干叶、不烂者为佳。

⊙ 生菜的茎色带白的才是新鲜的。

⊙ 越好的生菜，叶子越脆，用手掐一下叶子就能辨别。

食物相宜

促进消化、吸收

生菜

西红柿

养生常识

★ 蚝油生菜除有降血脂、降血压、降血糖、促进智力发育以及抗衰老等作用外，还能利尿、促进血液循环、抗病毒、预防心脏病及肝病。

★ 生菜与营养丰富的豆腐搭配食用，则是一种高蛋白、低脂肪、低胆固醇、多维生素的菜肴，具有清肝利胆、滋阴生津、增白皮肤、减肥健美的作用。

★ 生菜对目赤肿痛、肺热咳嗽、消渴、脾虚腹胀等有一定的食疗作用。

★ 生菜与菌类搭配食用，对热咳、痰多、胸闷、吐泻等有一定的食疗作用。

鸡汁丝瓜

- ⏱ 2 分钟
- ❌ 美容养颜
- ⚖ 清淡
- ☺ 女性

　　丝瓜清甜，鸡汁鲜香，二者同入锅，可以让两种不同的滋味在烈火中不停地翻滚，相互交融。鸡汁的鲜香慢慢沁入丝瓜中，丝瓜的清甜也缓缓渗出并融入鸡汁中。最后加水淀粉勾芡，让汤汁更浓稠。丝瓜娇嫩爽滑，汤汁鲜美香甜，用汤汁、丝瓜拌饭，绝对可以让你吃出美味至上的境界。

材料	
丝瓜	300 克
姜片	5 克
蒜末	5 克
红椒片	5 克
葱白	5 克

调料	
食用油	30 毫升
盐	3 克
蚝油	3 毫升
水淀粉	5 毫升
鸡汁	70 毫升

食材处理

❶ 将洗净的丝瓜去皮后切成片。

❷ 将切好的丝瓜装入盘中备用。

做法演示

❶ 锅注油烧热，倒入姜片、蒜末、葱白、红椒片爆香。

❷ 倒入丝瓜炒约1分钟至熟软。

❸ 淋入鸡汁炒至入味。

❹ 加入盐、蚝油炒匀。

❺ 加入水淀粉勾薄芡，用小火翻炒均匀。

❻ 盛入盘内即可。

小贴士

❂ 购买时要选择瓜形完整、无虫蛀、无破损的新鲜丝瓜。

❂ 丝瓜汁水丰富，宜现切现做，以免营养成分随汁水流失。

❂ 烹制丝瓜时应注意尽量保持清淡，要少用油，可勾稀芡，以保留其香嫩爽口的特点。

❂ 丝瓜放置在阴凉通风处可保存1周左右。

养生常识

★ 丝瓜性味甘平，有清暑凉血、润肠通便、祛风化痰、润肤美容、通经络、行血脉、下乳汁等作用。

★ 直接把丝瓜挤汁用汁液擦脸，或将其晒干研成粉末用水调敷在脸上，均有美白祛斑的作用。

食物相宜

防治便秘

丝瓜

青豆

清热养颜，净肤除斑

丝瓜

菊花

清热滋阴

丝瓜

鸭肉

蒜蓉红菜薹

🕐 2分钟　　✖ 开胃消食
🔥 清淡　　😊 女性

红菜薹营养丰富，色泽艳丽，质地脆嫩，是佐餐之佳品。烹调红菜薹，没有配菜也没关系，蒜蓉绝对是最好的调味品。将红菜薹一根一根掐头去尾，剥皮捋叶，切段。蒜蓉用热油爆香，直至微金黄色，下红菜薹入锅翻炒，让蒜香味充分融入红菜薹中，炒熟上桌，便能细细体会"谁知盘中菜，棵棵皆辛苦"的味道，实在是别有一番美味在心头啊。

材料

红菜薹	500克
蒜蓉	25克

调料

盐	2克
味精	1克
白糖	3克
水淀粉	5毫升
食用油	适量

❶ 将洗净的红菜薹去除老筋。

❷ 切成段。

做法演示

❶ 炒锅热油，倒入蒜蓉爆香。

❷ 倒入红菜薹。

❸ 翻炒至熟透。

❹ 加盐、味精、白糖调味。

❺ 用水淀粉勾芡，翻炒至入味。

❻ 盛入盘中即成。

小贴士

✿ 红菜薹是武汉的名产，一千多年前就已驰名，它的奇特之处在于天气愈寒，生长愈好，大雪后抽薹长出的花茎，色泽最红，水分最足，脆性最好，口感最佳，所以民间有"梅兰竹菊经霜翠，不及菜薹雪后娇"之说。

✿ 红菜薹可清炒、醋熘，亦可麻辣炒。其色碧中带紫，其味鲜嫩爽口。

养生常识

★ 蒜性温、味辛，入脾、胃、肺经，有暖脾胃、消积食、解毒、杀虫的功效。

★ 蒜氨酸是蒜独具的成分，当它进入血液时便合成蒜素，这种蒜素即使稀释 10 万倍仍能迅速杀灭伤寒杆菌、痢疾杆菌、流感病毒等。

★ 蒜素与维生素 B_1 结合可产生蒜硫胺素，具有消除疲劳、增强体力的效果。

食物相宜

促进新陈代谢

红菜薹

豆皮

补肝明目

红菜薹

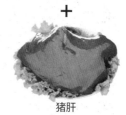

猪肝

凉拌海蜇萝卜丝

⏱ 2分钟　　✂ 美容养颜
🧂 清淡　　😊 女性

　　海蜇丝是沿海地区餐桌上的凉拌佳肴，老年人和小孩皆爱。海蜇丝晶莹透亮、弹性十足、咸鲜味美，加上萝卜丝的娇嫩爽滑，盘子里活色生香，即便与荤香珍品跻身餐桌，也毫不逊色。吃在嘴里，咯吱咯吱的脆响声中，是清凉爽口、让人百吃不厌的海滋味。尤其在炎炎夏日，来一盘酸辣鲜香的凉拌海蜇萝卜丝，定会让你胃口大开。

材料

海蜇丝	250 克
白萝卜	120 克
姜丝	15 克
蒜蓉	5 克
朝天椒末	3 克
葱花	5 克

调料

盐	3 克
味精	1 克
白糖	2 克
白醋	5 毫升
辣椒油	适量
芝麻油	适量

❶ 将白萝卜去皮洗净，切丝。

做法演示

❶ 将洗净的海蜇丝放入沸水锅中焯 1 分钟至熟。

❷ 捞出装入碗中。

❸ 将白萝卜丝倒入装有海蜇丝的碗中。

❹ 倒入蒜蓉、姜丝、朝天椒末。

❺ 加盐、味精、白糖、白醋。

❻ 倒入辣椒油、芝麻油。

❼ 用筷子搅拌均匀。

❽ 装好盘，撒上葱花即可食用。

小贴士

☺ 优质的海蜇皮呈白色或黄色，有光泽，无红衣、红斑和泥沙。

☺ 海蜇买回后，不要沾淡水，用盐把它一层层地腌存在口部较小的坛（或罐）子里，坛口部也要放一层盐，然后密封贮藏。

☺ 新鲜的海蜇含水多，皮体较厚，还含有少许毒素，只有经过盐加明矾腌渍 3 次（俗称三矾）使鲜海蜇脱水 3 次，才能让毒素随水排尽。

☺ 如果白萝卜出现空心但不是很严重，可将白萝卜切段，放在干净的水中浸泡，用来减轻白萝卜空心的现象。

食物相宜

清肺热，辅助治疗咳嗽

白萝卜

紫菜

消积食，益气血

白萝卜

牛肉

可治消化不良

白萝卜

金针菇

蒜薹炒山药

🕐 4分钟　　🍴 降压降糖

🧂 清淡　　😊 糖尿病患者

　　山药含多种维生素及人体必需的微量元素，可增强人体免疫力。蒜薹清爽脆嫩，带着淡淡清甜之味，溢出来的汤汁经过山药的融合，变得鲜甜诱人。蒜薹的油绿，山药的嫩白，甜椒的红黄，相映成趣、清新怡然，犹如一幅描绘大自然风光的画作。这道全素餐，菜色鲜亮，清淡营养，让人在享受美味的同时还能兼顾健康。

材料

蒜薹	150克
山药	150克
彩椒片	20克

调料

盐	3克
鸡精	2克
白糖	2克
水淀粉	5毫升
食用油	适量

❶ 将洗好的蒜薹切段。

❷ 把去皮洗净的山药切丝，浸泡在水中。

❸ 锅中注水，加少许盐和食用油烧开。

❹ 倒入蒜薹、山药焯烫1分钟。

❺ 倒入彩椒片略烫。

❻ 捞出焯好的食材。

做法演示

❶ 热锅注油，倒入山药、彩椒、蒜薹拌炒约2分钟。

❷ 加入剩余盐、鸡精、白糖炒匀。

❸ 加入少许水淀粉。

❹ 快速拌炒均匀。

❺ 起锅，盛入盘内即可食用。

小贴士

☺ 山药可红烧、蒸、煮、油炸、拔丝、蜜炙等，也可用于制作糕点。

☺ 山药宜去皮食用，以免产生麻、刺等异常口感。

养生常识

★ 山药是虚弱、疲劳或病愈者恢复体力的最佳食品，不但可以抗癌，对于癌症患者治疗后的调理也极具疗效。

★ 经常食用山药能提高免疫力、预防高血压、降低胆固醇、利尿、润滑关节。

食物相宜

降压降糖

蒜薹

生菜

缓解疲劳

蒜薹

＋

猪肝

促进食欲

蒜薹

猪肉

西蓝花冬瓜

🕐 12分钟　　✂ 清热排毒
📊 清淡　　　😊 一般人群

西蓝花的营养价值首屈一指，有"蔬菜皇冠"之美誉，对于女性来说，还是一种非常有用的抗衰老食物，因含有抗氧化成分，可减少人体内的自由基，从而延缓衰老。冬瓜含有丙醇二酸，能有效抑制糖类转化为脂肪，加之冬瓜零脂肪、低热量，对于防止人体发胖具有重要意义。二者同吃，美味养生，让人大饱口福。

材料

冬瓜	300克
西蓝花	150克
胡萝卜	20克
葱花	5克

调料

盐	2克
鸡精	2克
白糖	2克
水淀粉	5毫升
芝麻油	适量
食用油	适量

食材处理

❶ 将去皮洗净的冬瓜切上"十"字花刀，再切成块。

❷ 把洗好的西蓝花切成朵，洗净的胡萝卜切片。

❸ 将冬瓜装入盘中，加入少许盐、鸡精、白糖。

做法演示

❶ 将冬瓜放入蒸锅。

❷ 加盖，中火蒸 7 ~ 8 分钟至熟。

❸ 揭盖，取出蒸好的冬瓜。

❹ 将盘中的原汤倒出。

❺ 起锅注水，加剩余盐和食用油烧开，倒入胡萝卜、西蓝花。

❻ 焯熟后捞出装盘。

❼ 将西蓝花和胡萝卜摆入装有冬瓜的盘中。

❽ 另起锅，倒入原汤烧开，加入水淀粉调匀。

❾ 淋入芝麻油调成芡汁。

❿ 将芡汁浇入盘内。

⓫ 撒上葱花即成。

食物相宜

降低血压

冬瓜

海带

降低血脂

冬瓜

+

芦笋

养生常识

★ 夏季多吃些冬瓜，不仅可以解渴消暑、利尿，还可使人免生疔疮。

★ 冬瓜具利尿的功效，且含钠极少，所以是慢性肾炎性水肿、营养不良性水肿、妊娠水肿者的消肿佳品。

红枣蒸南瓜

⏱ 18 分钟　　✖ 益气补血
🎁 甜　　　　 ☺ 女性

　　南瓜中含有的钴、锌、铁，都是补血的好原料，因此南瓜被誉为"补血之妙品"，尤其对女性来说，有特殊的美容作用。红枣有"天然维生素丸"之美称，可益气养血，美容养颜。将红枣放到南瓜上，一起入锅蒸 15 分钟，揭开锅盖，一股清新香甜之味扑面而来，沁人心脾，瞬间让人食欲大振。

材料

南瓜	200 克
红枣	20 克

❶ 把去皮洗净的南瓜切成小块。

❷ 把洗净的红枣切开，并去除核。

做法演示

❶ 将切好的南瓜整齐装入盘中，放上切好的红枣。

❷ 将南瓜红枣放入蒸锅。

❸ 盖上锅盖，用中火蒸约15分钟至熟透。

❹ 揭盖，取出蒸好的食材。

❺ 摆好盘即成。

小贴士

☻ 南瓜营养丰富，特别适合炖食、蒸食。

☻ 吃南瓜前一定要仔细检查，如果发现表皮有溃烂之处，或切开后散发出酒精味等，则不可食用。

☻ 购买时要选择个体结实、表皮无破损、无虫蛀的南瓜。

☻ 南瓜的保质期很长，置于阴凉通风处，可保存1个月左右。

养生常识

★ 南瓜尤其适合女性、中老年人和肥胖者食用。

食物相宜

降低血压

南瓜

莲子

健脾益胃

南瓜

猪肉

西芹百合炒腰果

⏱ 5分钟　　✖ 增强免疫力
⚖ 清淡　　　☺ 一般人群

　　腰果是世界著名的四大干果之一，营养丰富，味道香甜，清脆可口，既可当零食，又可制成美味佳肴。因腰果香味浓郁，在印度一些地方常被当作作料用于菜肴中以提香。腰果油炸，西芹、百合、胡萝卜焯水，然后入锅同炒，腰果的酥脆、百合的爽、西芹的香、胡萝卜的甜，浑然一体，别有一番风味涌上心头。

材料		调料	
西芹	80克	盐	3克
鲜百合	100克	鸡精	2克
胡萝卜	50克	白糖	2克
腰果	90克	水淀粉	5毫升
		食用油	适量

食材处理

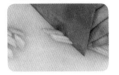

❶ 将西芹洗净切菱形段。

❷ 将胡萝卜去皮洗净，切片。

做法演示

❶ 热锅注油，烧至五成热，倒入腰果。

❷ 炸至变色捞出备用。

❸ 锅留底油，倒入适量清水，加入少许盐烧开。

❹ 倒入西芹。

❺ 放入鲜百合、胡萝卜，焯煮片刻捞出。

❻ 另起锅，热锅注油。

❼ 倒入焯熟的材料翻炒约1分钟至熟透。

❽ 加剩余盐、鸡精、白糖调味。

❾ 用水淀粉勾芡。

❿ 倒入腰果。

⓫ 拌炒均匀。

⓬ 出锅装盘即可。

食物相宜

益气安神

腰果

莲子

补脾益胃

腰果

糯米

养生常识

★ 有过敏体质的人吃了腰果，常常会引起过敏反应。严重的吃一两粒腰果，就会引起过敏性休克。

★ 因腰果含油脂较丰富，故不适合胆功能严重不良者食用。

香煎茄片

⏰ 7分钟　　✗ 开胃消食
🔥 咸香　　😊 一般人群

　　茄子用来烧、焖、蒸、炸，都能烹调出美味可口的菜肴，但是含油脂太多。那怎样才能让茄子少吃油又美味呢？香煎不失为最佳选择。茄子切片，裹上一层薄薄的面糊，入油锅慢火煎制，面糊的温度迅速升高，并形成金黄色的干燥层，阻挡油的渗入，只将油温传递至茄片，使茄片快速熟化。出锅即食，少油、香脆，怎一个"美"字了得！

材料

面粉	150克
茄子	100克

调料

盐	3克
味精	1克
食用油	适量

食材处理

❶ 将茄子去皮、洗净、切片，然后放水中加盐拌匀泡 5 分钟。

❷ 将面粉加入盐、味精和适量清水调成面糊。

❸ 将茄片裹上面糊。

做法演示

❶ 锅置大火上，注油烧热，放入茄片用慢火煎制。

❷ 再加入适量食用油，煎至茄片金黄色时翻面。

❸ 继续将茄片的另一面煎至金黄。

❹ 再倒入适量食用油，改小火，将茄片煎至熟透。

❺ 盛入盘内即可。

食物相宜

宽中顺气

茄子

+

黄豆

预防心血管疾病

茄子

+

青蒜

小贴士

✪ 面糊中可加入适量的蛋黄液，这样做好的茄片色泽金黄、口感软滑。

✪ 茄子多用于炒、烧、拌、酿，也可做馅。

✪ 茄子切开后应于盐水中浸泡，使其不被氧化，可保持茄子的本色。

✪ 新鲜的茄子为深紫色，有光泽，柄末干枯，粗细均匀，无斑。

✪ 茄子用保鲜膜封好置于冰箱中可保存 1 周左右。

养生常识

★ 肺结核、关节炎患者忌食茄子。

★ 茄子性凉，体弱胃寒的人忌食茄子。

客家茄子煲

⏰ 7分钟　　✕ 凉血散瘀
🔥 咸香　　　☺ 一般人群

　　客家茄子煲，炸茄子是关键，油量、油温、油炸程度一定要恰到好处，尤其不能吝惜油。初入锅，油温不宜太高，五成热即可，炸至金黄色捞出，恰有外焦里嫩之神韵。成菜的茄子饱吸肉香，挂着点点芡汁，软软的、滑滑的，用于拌饭最适合不过了。

材料		调料	
茄子	300 克	盐	3 克
肉末	100 克	生抽	3 毫升
红椒末	5 克	老抽	3 毫升
蒜末	5 克	料酒	5 毫升
葱白	5 克	蚝油	5 毫升
葱花	5 克	鸡精	1 克
		白糖	2 克
		水淀粉	适量
		食用油	适量

❶ 将已去皮洗净的茄子切条。

❷ 将茄条放入清水中浸泡片刻。

做法演示

❶ 热锅注油，烧至五成热，倒入茄子。

❷ 炸约1分钟至金黄色捞出。

❸ 锅留底油，倒入肉末爆香。

❹ 加生抽、老抽、料酒炒至熟。

❺ 倒入蒜末、红椒末、葱白炒匀。

❻ 加少许清水、蚝油、盐、鸡精、白糖调味。

❼ 放入茄子，加老抽上色，焖煮片刻。

❽ 用水淀粉勾芡，翻炒匀至入味。

❾ 盛入砂锅。

❿ 用大火烧开，煮至入味。

⓫ 撒入葱花即可。

食物相宜

预防心血管疾病

茄子

苦瓜

强身健体

茄子

牛肉

可保护心血管

茄子

兔肉

荷塘小炒

　　粤菜最讲究的就是菜品营养和颜色的搭配，素菜也不例外。荷塘小炒讲究的就是"形神兼备"，无论口味、营养，还是色泽，都称得上素菜中的经典。将白的莲藕、莲子，绿的芹菜，红的胡萝卜，黑的木耳分别焯水，捞出沥干水分，入油锅急火快炒，让色香味散发得淋漓尽致。成菜装盘，一股清新的江南风情扑面而来，让人垂涎。

材料

胡萝卜	100克
莲藕	80克
水发莲子	60克
芹菜	50克
水发黑木耳	50克
姜片	5克
蒜末	5克
葱白	5克

调料

盐	3克
味精	3克
白糖	3克
蚝油	3毫升
料酒	3毫升
老抽	2毫升
水淀粉	适量
食用油	适量

❶ 把去皮洗净的莲藕切成片。

❷ 将洗净的芹菜切段。

❸ 将已去皮洗净的胡萝卜先切段,再切成片。

❹ 将洗净的黑木耳切成小块。

❺ 锅中加清水烧开,加盐。

❻ 倒入切好的胡萝卜。

❼ 加入洗净切好的莲藕片。

❽ 加入黑木耳拌匀。

❾ 煮约 1 分钟至熟捞出。

做法演示

❶ 用油起锅,倒入姜片、蒜末、葱白爆香。

❷ 倒入焯水后的胡萝卜、莲藕、黑木耳,加料酒翻炒匀。

❸ 加盐、味精、白糖、蚝油调味。

❹ 倒入莲子、芹菜炒匀。

❺ 加入少许老抽炒匀。

❻ 加水淀粉勾芡。

❼ 加少许热油炒匀。

❽ 盛出装盘即可。

滋阴血、健脾胃

莲藕

➕

猪肉

止呕

莲藕

➕

姜

吉利南瓜球

⏲ 4 分钟 ✂ 开胃消食
🗄 甜 ☺ 儿童

爱好美食，又害怕油腻长肉的吃货们，来一份香糯酥软的吉利南瓜球，可谓称心如意。油锅烧至四成热，将裹上面包糠的南瓜球下锅小火慢炸，2 分钟后，色泽金黄、外酥里软的南瓜球就可以出锅了。趁热食用，香甜软糯，怎一个"爽"字了得！虽然是油炸食物，但因过油时间短，南瓜球吸油量少，加之南瓜是减肥食品，大可放心吃。

材料

熟南瓜泥	500 克
面包糠	100 克

调料

盐	3 克
鸡精	2 克
淀粉	2 克

食材处理

❶ 将熟南瓜泥加盐、鸡精、淀粉拌匀制成南瓜糊。

❷ 将南瓜糊捏成球状。

❸ 将南瓜球均匀裹上面包糠，放入盘中。

做法演示

❶ 锅中注油，烧至四成热，放入南瓜球。

❷ 小火炸约2分钟。

❸ 炸熟后捞出，装盘即可。

小贴士

✪ 面包糠一般用于油炸及油煎食品，其主要作用是起到减缓食品被炸焦的时间；由于其本身的特性，能起到外表焦（酥）香的效果。

✪ 一般情况下面包糠质地亮白的为上品。那些发黄或棕色的多是土法制作，并且带进了面包皮，这样的劣质品极易在操作时炸焦而味道发苦。

养生常识

★ 南瓜营养价值丰富，除了含有蛋白质、胡萝卜素、维生素等必需营养外，南瓜中还有钴、锌和铁元素，钴是构成血液中红细胞的重要成分之一；锌则直接影响成熟红细胞的功能；铁质则是合成血红蛋白的基本微量元素，这些都是补血的好原料。南瓜中含有丰富的维生素 B_{12}，而人体缺乏 B_{12} 会引起恶性贫血，这时吃些南瓜是最好的补血方式了。

食物相宜

美白肌肤

南瓜

+

芦荟

清热解毒，生津止渴

南瓜

+

绿豆

蟹柳白菜卷

⏱ 7分钟　　✂ 美容养颜

⚖ 清淡　　☺ 女性

　　白菜含多种维生素、矿物质、膳食纤维等营养成分，有"百菜之王"的美誉。包上胡萝卜、香菇、白菜，放入蟹柳，入锅蒸熟，淋上高汤做的芡汁，香气扑面而来，味道也出奇地鲜美。整个白菜卷非常清甜，由于采用了蒸的方式，营养健康，是一道老少皆宜的清淡佳肴。

材料		调料	
大白菜	200克	盐	4克
蟹柳	35克	味精	1克
上海青	50克	鸡精	1克
胡萝卜	40克	蚝油	3毫升
鲜香菇	20克	白糖	1克
姜	5克	水淀粉	5毫升
蒜	5克	食用油	适量

❶ 将大白菜洗净切取菜梗，余料切丝；菜叶备用。

❷ 将胡萝卜洗净、去皮，切丝。

❸ 将香菇洗净去蒂，切丝。

❹ 将上海青洗净，对半切开。

❺ 将蟹柳切丝。

❻ 将姜切粒，蒜切成末。

做法演示

❶ 沸水锅加油、少许鸡精、少许味精、少许盐、白菜梗，焯熟后捞出。

❷ 倒入上海青，焯熟后捞出。

❸ 倒入胡萝卜丝、香菇、白菜丝，焯熟后捞出。

❹ 锅加油，倒入所有食材和剩余鸡精、味精、盐、蚝油、白糖炒匀，勾芡盛出。

❺ 取大白菜叶，放入馅料卷好，制成白菜卷。

❻ 置于盘内的菜梗上，放入蟹柳。

❼ 将白菜卷放入蒸锅，大火蒸约2分钟取出。

❽ 起油锅，加水，用剩余水淀粉勾芡。

❾ 上海青摆入盘内，白菜卷浇上芡汁即可食用。

食物相宜

补充营养

大白菜

+

猪肉

防止牙龈出血

大白菜

+

虾仁

清炒苦瓜

🕐 2分钟　　✂ 清热解毒

⚖ 苦　　　　☺ 一般人群

　　对付燥热易上火的夏季，各种凉性食物自然为上选，而这里面一定不会少了苦瓜。赶紧来道清炒苦瓜吧，清热消暑、败火清毒、美容养颜。苦瓜焯水，急火快炒，加少许白糖调味，色泽碧绿，清脆爽口，清苦之味中略带一丝丝甘甜，非常开胃。清炒苦瓜时火候一定要把握好，七分熟、碧绿最好，多一分少一分都不行！

材料

苦瓜	250克

调料

盐	3克
味精	3克
白糖	2克
水淀粉	5毫升
淀粉	适量
食用油	适量

食材处理

❶ 将苦瓜洗净去籽。

❷ 切成大小适中的苦瓜片。

❸ 锅中加清水，加入少许淀粉拌匀烧开。

❹ 倒入已切好的苦瓜片。

❺ 煮约 1 分钟至熟。

❻ 捞出煮好的苦瓜片备用。

做法演示

❶ 用油起锅，倒入苦瓜炒匀。

❷ 加盐、味精、白糖调味。

❸ 倒入水淀粉勾芡。

❹ 将苦瓜翻炒匀。

❺ 盛出装盘即可。

食物相宜

排毒瘦身

苦瓜

+

芦荟

延缓衰老

苦瓜

+

茄子

小贴士

✪ 苦瓜外皮的颗粒越大越饱满，则说明瓜肉厚实、味美。挑选苦瓜时，可以拿在手中掂一掂重量，质量较重的比较好。

菠萝炒苦瓜

🕐 3分钟　　✖ 瘦身排毒

🔆 甜、苦　　😊 女性

　　苦瓜是夏天极佳的蔬菜，虽然它的苦味让很多人皱眉咋舌，却从来没有人对它的祛火作用持怀疑态度。容易上火的夏天，绝对不能没有它。菠萝富含菠萝蛋白酶，具有清肠排毒、滋润肌肤的作用。有了菠萝酸酸甜甜的相伴，苦瓜的苦似乎柔情了许多。菠萝炒苦瓜，一入口，酸甜、清苦之味在舌尖完全绽放，妙不可言。怕苦的人，加些甜味又何妨！

材料

苦瓜	300克
菠萝	150克
红椒片	20克
蒜末	5克

调料

盐	3克
味精	1克
淀粉	3克
白糖	2克
蚝油	5毫升
水淀粉	5毫升
食用油	适量

❶ 将苦瓜洗净、去除瓤、籽，切成片；将菠萝切片。

❷ 锅中加清水烧开，加入淀粉拌匀，倒入苦瓜。

❸ 煮沸，捞出苦瓜。

做法演示

❶ 锅置大火上，注油烧热，倒入红椒片、蒜末爆香。

❷ 倒入苦瓜、菠萝炒约 1 分钟至熟。

❸ 加入盐、味精、白糖、蚝油调味。

❹ 加入少许水淀粉勾芡。

❺ 淋入少许熟油拌均匀。

❻ 盛入盘内即可。

小贴士

✿ 菠萝去皮洗净后，宜放入淡盐水中浸泡半小时后再食用。

✿ 菠萝要选择饱满、着色均匀、闻起来有清香的果实。可用手指弹击果实，回声重的品质较佳。

✿ 菠萝放入冰箱中可保存 1 周，阴凉通风处可保存 3 ~ 5 天。

食物相宜

清热解毒、补肝明目

苦瓜

＋

猪肝

增强免疫力

苦瓜

＋

洋葱

养生常识

★ 菠萝蛋白酶能溶解纤维蛋白和酪蛋白，消化道溃疡、严重肝或肾疾病、血液凝固功能不全等患者忌食，对菠萝过敏者慎食。

鲍汁草菇

⏱ 6分钟   ✖ 防癌抗癌

🔺 咸鲜   🙂 一般人群

　　简单就是食物的最高境界，原汁原味就是对食物的最高礼遇。鲍汁草菇，食材简单，做起来也不难。素有"放一片，香一锅"之美誉的草菇，经咸鲜的鲍汁调味提鲜，肉质肥嫩，味道鲜美，香味浓郁，简直就是将草菇做出了鲍鱼味。草菇出锅，码放在翠绿的上海青上，色泽鲜艳，香味大增，还等什么，赶紧开吃吧！

材料		调料	
草菇	100克	盐	3克
上海青	150克	鸡精	1克
姜片	20克	白糖	2克
葱段	15克	老抽	3毫升
		料酒	5毫升
		水淀粉	5毫升
		食用油	适量
		鲍汁	30毫升

❶ 将洗净的上海青去除老叶，留菜梗备用。

❷ 将洗净的草菇对半切开。

❸ 锅加水，倒入油、少许盐，煮至沸后倒入上海青。

❹ 焯熟后捞出，摆入盘中备用。

❺ 倒入草菇焯至熟。

❻ 捞出后沥干备用。

做法演示

❶ 炒锅注油烧热，倒入葱段、姜片爆香。

❷ 倒入焯过的草菇，淋入料酒提鲜。

❸ 倒入鲍汁。

❹ 倒入少许清水拌匀，煮约1分钟至入味。

❺ 加剩余盐、鸡精、白糖调味。

❻ 淋入老抽炒匀，用水淀粉勾芡。

❼ 淋入熟油炒匀。

❽ 用筷子挑去葱段、姜片。

❾ 出锅，盛在上海青上即成。

食物相宜

降压降脂

草菇

+

豆腐

健脾益气

草菇

+

猪肉

养生常识

★ 草菇性凉，脾胃虚寒者不宜多食。

★ 草菇的蛋白质含量比一般蔬菜高好几倍，是国际公认的"十分好的蛋白质来源"，并有"素中之荤"的美名。

素炒杂菌

⏰ 2分钟　　✖ 防癌抗癌
🍶 清淡　　😊 老年人

　　民间流行一种说法，"吃四条腿（畜类）的不如吃两条腿（禽类）的，吃两条腿的不如吃一条腿（菌菇类）的。"也就是说，在营养价值及对人体健康方面的作用，畜肉不及禽肉，禽肉不及菌菇。菌菇是大自然赐予人类的美味佳肴，并且是一种高蛋白、低脂肪、低热量的食物，用于素炒，原汁原味，营养健康。

材料

金针菇	100克
白玉菇	80克
香菇	60克
鸡腿菇片	60克
蒜苗	20克
草菇片	20克

调料

盐	3克
味精	1克
白糖	2克
料酒	5毫升
鸡精	2克
水淀粉	5毫升
食用油	适量

食材处理

❶ 将洗净的金针菇切去根部。

❷ 洗好的白玉菇也切去根部。

❸ 将洗好的香菇切去蒂，改切成片。

❹ 将洗净的蒜苗切段。

❺ 锅中注水，加少许盐、鸡精、食用油煮沸。

❻ 倒入洗净的鸡腿菇片、草菇片煮片刻。

❼ 倒入香菇片煮沸。

❽ 倒入白玉菇焯煮片刻。

❾ 捞出焯好的草菇片、鸡腿菇片、香菇片和白玉菇。

做法演示

❶ 另起锅，注油烧热，放入蒜苗梗煸香。

❷ 倒入草菇片、鸡腿菇片、香菇片和白玉菇，炒匀。

❸ 淋入少许料酒拌匀。

❹ 加剩余盐、味精、白糖和鸡精。

❺ 倒入金针菇，翻炒片刻至熟。

❻ 倒入蒜苗叶。

❼ 加入少许水淀粉勾芡。

❽ 最后淋入少许熟油拌匀。

❾ 盛入盘中即成。

食物相宜

清热解毒

金针菇

+

豆芽

增强免疫力

金针菇

+

西蓝花

百花豆腐

🕐 12分钟　　❌ 提神健脑
🔥 清淡　　😊 儿童

　　日本豆腐是从鸡蛋及天然植物中精粹有效成分而制成，既有豆腐的鲜嫩爽滑口感，又有鸡蛋的营养；水豆腐软嫩绵密，入口即化。成菜后的百花豆腐不仅有豆腐的嫩滑、肉末的鲜香、香菇的鲜美，还有极其精致的外形，玲珑剔透、红黄相间、白绿相映，美得出乎意料！原来做菜也是一门艺术，需要有化腐朽为神奇的巧夺天工。

材料

水豆腐	300克
日本豆腐	200克
肉末	100克
鲜香菇	30克
红椒	15克
葱花	5克

调料

盐	6克
鸡精	3克
生抽	3毫升
淀粉	适量
蚝油	适量
水淀粉	适量
食用油	适量

❶ 将水豆腐切小块。

❷ 将日本豆腐切成小段。

❸ 将洗净的鲜香菇、红椒均切小丁。

❹ 肉末加少许盐、鸡精、生抽拌匀，拍打起浆。

❺ 撒上淀粉拌匀。

做法演示

❶ 用小勺在水豆腐块上掏出豆腐瓤。

❷ 装入肉末，完成后将豆腐块摆在盘中。

❸ 放上日本豆腐，再撒上少许盐。

❹ 将盘子放至蒸锅。

❺ 盖上盖，大火蒸约5分钟至熟。

❻ 取出备用。

❼ 起油锅，倒入鲜香菇爆香。

❽ 注入少许清水。

❾ 加入蚝油、鸡精、剩余盐调味，煮至沸。

❿ 用水淀粉勾芡，撒上红椒拌匀，即成味汁。

⓫ 将味汁浇入盘中。

⓬ 撒上葱花即成。

食物相宜

补钙

水豆腐

+

鱼

防治便秘

水豆腐

+

韭菜

菠萝咕噜豆腐

🕐 4分钟　　✖ 开胃消食

⚖ 酸甜　　　☺ 儿童

　　菠萝咕噜豆腐与粤菜经典——菠萝咕噜肉有异曲同工之妙，用北豆腐代替五花肉，美味不减，更多了一份健康。菠萝作为水果，非常美味；入菜更是口感清新，味道酸甜，非常开胃。北豆腐带有一种韧劲，经油炸酥软嫩滑。当菠萝的酸甜与豆腐的酥软在舌尖相遇，犹如电光火石般直击味蕾，让人欲罢不能！

材料

北豆腐	300克
菠萝	100克
青椒片	15克
红椒片	15克
蒜末	5克
葱段	5克

调料

白糖	10克
盐	2克
水淀粉	5毫升
面粉	适量
食用油	适量
番茄汁	30毫升

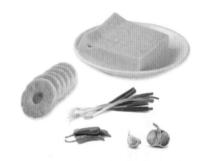

❶ 将菠萝切块。

❷ 把洗好的豆腐切成方块。

❸ 将豆腐块均匀裹上面粉。

❹ 锅置大火上，注油烧热，倒入豆腐。

❺ 炸2～3分钟至金黄色，捞出豆腐。

做法演示

❶ 另起油锅，倒入蒜末、葱段、青椒片、红椒片爆香。

❷ 锅中倒入菠萝。

❸ 注入少许清水。

❹ 倒入番茄汁炒匀。

❺ 加入白糖和盐拌匀煮沸。

❻ 倒入炸好的豆腐。

❼ 加入适量水淀粉炒匀。

❽ 淋入熟油炒匀。

❾ 盛入盘内即可。

食物相宜

健脾开胃

菠萝

＋

鸡肉

生津止渴

菠萝

＋

冰糖

养生常识

★ 把菠萝切片或块放在盐水中浸泡30分钟，然后洗去咸味，就可以达到消除过敏性物质的目的，还会使菠萝的味道变得更加甜美。

酿豆腐

🕐 8分钟　　✕ 清热解毒

⬛ 鲜香　　　☺ 一般人群

　　相传酿豆腐源于北方的饺子，因岭南不产麦子，思乡的中原客家移民便用豆腐代替面粉，将肉馅塞入豆腐中，犹如面粉裹着肉馅。因其味道鲜美，变成客家名菜。用肉馅搭配香菇，酿入豆腐中煎至金黄，再回锅焖煮，成色亮丽，味道香浓。吃起来外焦里嫩，口齿留香，让你根本停不住嘴，用余下的汤汁拌饭更是一绝！

材料

豆腐	500克
五花肉	100克
水发香菇	20克
葱白	5克
葱花	5克

调料

水淀粉	10毫升
盐	6克
鸡精	3克
蚝油	3毫升
生抽	3毫升
淀粉	适量
胡椒粉	2克
食用油	适量
芝麻油	适量

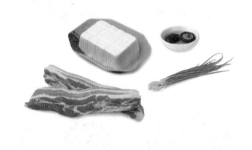

食材处理

❶ 将洗净的豆腐切成长方形块。

❷ 将香菇切粒,剁成末;葱白切碎,剁成末。

❸ 洗净的五花肉切碎,剁成肉末。

做法演示

❶ 用小勺在豆腐上挖出小孔,撒上少许盐。

❷ 肉末加少许盐、少许生抽、少许鸡精、葱末和香菇拌匀,甩打上劲。

❸ 加少许淀粉、芝麻油拌匀,制成肉馅。

❹ 将肉馅依次填入豆腐块中。

❺ 用油起锅,放入豆腐块,肉馅朝下,煎片刻,转动炒锅,以免肉馅煎煳。

❻ 肉馅煎至金黄色,翻面,煎香。

❼ 加入70毫升清水、剩余鸡精、剩余盐、剩余生抽、蚝油。

❽ 撒入胡椒粉炒匀,慢火煮约1分钟入味。

❾ 豆腐盛出装盘。

❿ 原汤汁加水淀粉勾芡,加少许熟油拌匀,调成浓汁。

❶❶ 将浓汁淋在豆腐块上。

❶❷ 撒上葱花即可。

食物相宜

治便秘

豆腐

＋

韭菜

润肺止咳

豆腐

＋

百合

第3章

浓香畜肉，色诱的味道

丰盛的餐桌上总少不了那些食肉一族的身影，人们爱吃肉的原因众多，除了肉食有助于快速补充能量以外，更被人看重的是肉食的浓香适口。不同于北方肉食的粗犷豪放，也不同于江南肉食的小家碧玉，粤菜更精于搭配与调味，让肉类菜肴呈现出极具诱惑力的一面。本章将为你介绍几道好做好吃的肉菜，浓浓肉香定不负你的期待。

菠萝咕噜肉

⏱ 5分钟　　✖ 开胃消食
⚖ 酸甜　　　☺ 一般人群

　　中国名菜很多，但要说中外闻名的中国菜，菠萝咕噜肉绝对名列前茅。相传，因这道菜以菠萝的酸甜汁烹调，上菜时香气四溢，令人禁不住"咕噜咕噜"地吞口水，因而得名"菠萝咕噜肉"。成菜色泽明艳，清爽酸甜，甜美的外表下潜藏的五花肉更是外焦里嫩、肥瘦相间，让你忍不住一块接一块品尝，简直停不下来！

材料		调料	
五花肉	200 克	番茄酱	20 毫升
菠萝	150 克	白糖	12 克
青椒	15 克	白醋	10 毫升
红椒	15 克	淀粉	3 克
鸡蛋	1 个	盐	3 克
葱白	5 克	食用油	适量

❶ 将洗净的红椒切开，去籽，切成片。

❷ 将洗净的青椒切开，去籽，切成片。

❸ 将菠萝切成块。

❹ 将洗净的五花肉切成块。

❺ 鸡蛋去蛋清，取蛋黄，盛入碗中。

❻ 锅中加约 500 毫升清水烧开，倒入五花肉。

❼ 汆至转色即可捞出。

❽ 五花肉加白糖拌匀，加少许盐。

❾ 肉中倒入蛋黄，搅拌均匀，加淀粉裹匀。

❿ 将拌好的五花肉分块夹出装盘。

⓫ 热锅注油，烧至六成熟，放入五花肉，炸约 2 分钟至熟透。

⓬ 将炸好的五花肉捞出备用。

做法演示

❶ 用油起锅，倒入葱白爆香。

❷ 倒入切好备用的青椒片、红椒片炒香。

❸ 倒入切好的菠萝炒匀。

❹ 加入白糖炒至融化。

❺ 加入番茄酱炒均匀。

❻ 倒入炸好的五花肉炒匀。

❼ 加入适量白醋。

❽ 拌炒均匀至入味。

❾ 盛出装盘即可。

黄瓜木耳炒肉卷

⏰ 6分钟　　✂ 瘦身排毒

🧂 咸香　　😊 女性

　　黄瓜富含维生素 B_1、维生素 B_2，经常食用可润滑肌肤，延缓皮肤衰老；黑木耳富含植物胶原成分，有很强的吸附作用，常吃可起到清理肺部和消化道的作用。黄瓜木耳炒肉卷虽然使用的食材都很普通，但黄瓜的爽脆、黑木耳的柔软、肉卷的鲜嫩及调料的咸香构成了本菜的独特口感，清新不油腻，是一道极受欢迎的下饭菜。

材料

黄瓜	150克
肉卷	100克
水发黑木耳	50克
红椒	20克
姜片	5克
蒜末	5克
葱白	5克

调料

盐	3克
味精	1克
白糖	2克
老抽	3毫升
水淀粉	5毫升
蚝油	5毫升
料酒	5毫升
食用油	适量

❶ 将洗净的黑木耳切块。

❷ 将洗好的黄瓜切片。

❸ 将肉卷切成小片。

❹ 锅中加清水烧开，加盐、食用油，倒入黑木耳。

❺ 煮沸后捞出。

做法演示

❶ 热锅注油，烧至四成热，倒入肉卷。

❷ 炸至金黄色捞出。

❸ 锅底留油，倒入红椒、姜片、蒜末、葱白炒匀。

❹ 加入黑木耳炒香，倒入黄瓜，加料酒炒匀。

❺ 倒入肉卷，加入除水淀粉外的剩余调料翻炒约 1 分钟至入味。

❻ 用水淀粉勾芡，盛出即可。

小贴士

❀ 生长在古槐、桑木上的黑木耳品质最好，柘树上的其次。其余树上生的黑木耳，吃后易使人动风气，发旧疾，使人烦闷。只要是有蛇、虫从上面经过的黑木耳，都有毒。

❀ 如吃黑木耳中毒，可生捣冬瓜藤汁喝下解毒。

食物相宜

增强免疫力

黄瓜

墨鱼

排毒瘦身

黄瓜

蒜

降低血脂

黄瓜

豆腐

咖喱肉末粉丝

🕐 8分钟	✂ 开胃消食	⚖ 咸香	😊 一般人群

　　咖喱是多种香料的结晶，香味浓郁，咸鲜微辣，但咖喱辣而不呛，即使平时不吃辣的人也可放心享用。咖喱肉末粉丝好似异域版的"蚂蚁上树"，在柔软爽滑、色泽油亮、口味清淡的肉末粉丝中加入辛香馥郁的咖喱，口感大大改变，风味别致，吃上一口即能感受到浓郁的异域美食风情。

材料

水发粉丝	100 克
肉末	50 克
咖喱膏	20 克
红椒末	20 克
青椒末	20 克
姜末	5 克
芹菜末	20 克
葱白	5 克
洋葱末	20 克

调料

盐	3 克
味精	1 克
白糖	2 克
料酒	5 毫升
生抽	5 毫升
食用油	适量

❶ 将洗净的粉丝切成段。

做法演示

❶ 用油起锅，倒入肉末炒至出油。

❷ 倒入红椒末、青椒末、姜末、芹菜末、葱白、洋葱末炒香。

❸ 加料酒、生抽炒匀。

❹ 倒入粉丝，加入咖喱膏翻炒约 2 分钟至入味。

❺ 加盐、味精、白糖和少许食用油炒匀。

❻ 将砂锅置于火上烧热。

❼ 淋入少许食用油，盛入粉丝，烧开即可。

食物相宜

均衡营养

咖喱

土豆

调节血压
驱逐寒气

咖喱

洋葱

小贴士

✪ 吃不完的咖喱等下次加热的时候要注意，凝固的咖喱汁要慢慢地化开，加热时不停地搅拌。

✪ 咖喱在烹调中起到提辣提香、去腥味的作用，可用于烧菜和焖鱼虾、牛羊肉、鸡肉等。咖喱还可用来腌食物、当调味料等。

✪ 无论哪种咖喱都需密封保存，咖喱粉通常可以存放 1 ~ 2 年，咖喱块则可存放半年至 1 年。

咸蛋蒸肉饼

⏱ 15分钟　　✖ 增强免疫力
🏷 咸香　　　☺ 一般人群

　　粤菜中的肉饼与北方的肉饼大相径庭，没有面粉的辅佐，可谓是纯正的肉饼。咸鸭蛋具有特别的咸香，与猪肉末拌在一起，入锅蒸成肉饼，香咸适口，滑嫩鲜美，吃起来一点也不腻，特别适合"肉食一族"。如果你吃惯了北方的肉饼或是馅饼，建议尝尝纯正的粤式咸蛋蒸肉饼，一定会有一种别样的感觉。

材料	
五花肉	400克
葱花	10克
咸鸭蛋	1个

调料	
盐	2克
鸡精	1克
味精	1克
生抽	3毫升
淀粉	适量
芝麻油	适量
食用油	适量

❶ 将洗净的五花肉剁成末后放在盘中。

❷ 肉末中加入盐、味精、鸡精拌匀。

❸ 淋上少许生抽拌匀，拍打至起浆。

凉血解毒

五花肉

＋

茄子

❹ 撒上淀粉拌匀。

❺ 淋入少许芝麻油，拌至起胶。

❻ 把肉末放入盘内，铺展成饼状。

利尿消肿

五花肉

＋

豆苗

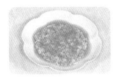

❼ 将咸鸭蛋打入肉饼中间，使蛋清铺匀。

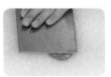

❽ 把蛋黄用刀背轻轻压平。

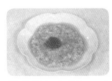

❾ 搁置在盘中间，稍稍压紧实。

❿ 将盘子放入蒸锅。

⓫ 加盖，用中火蒸10分钟左右至熟。

⓬ 取出蒸好的肉饼。

⓭ 撒上葱花，淋上熟油。

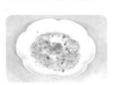

⓮ 摆好盘即成。

小贴士

✪ 鸭蛋色泽鲜明光洁，蛋壳较毛糙，摇晃无声响，在灯光下观看通透明亮的为佳品。

煎酿三宝

🕐 5分钟　　❌ 健脾益气

🧂 咸香　　😊 一般人群

　　"夏日吃苦，胜似进补"，夏日火气足，正是苦味当道的季节。夏菜之苦很多，苦瓜则是最典型的，苦瓜虽苦，却不会将自己的苦味带给肉末，因此被称为"君子菜"。肉的鲜嫩多汁、Q弹爽口，茄子的香糯，再搭配苦瓜的味道，可谓"一拍即合"，就算是不爱吃苦的人也能轻松接受。

材料

苦瓜	150克
茄子	100克
肉末	200克
青椒	80克
蒜末	5克
葱花	5克

调料

盐	5克
水淀粉	10毫升
鸡精	3克
老抽	3毫升
味精	1克
白糖	2克
生抽	3毫升
淀粉	适量
食用碱	适量
芝麻油	适量
料酒	5毫升
蚝油	5毫升
食用油	适量

食材处理

❶ 将茄子洗净，去皮，切双飞片。

❷ 将苦瓜洗净，切成棋子状，将瓤取出。

❸ 青椒洗净，切段，再分切成两片，去籽。

❹ 肉末加少许鸡精、少许盐、生抽、淀粉拍打起浆。

❺ 淋入少许芝麻油拌均匀。

❻ 锅中注水烧开，加食用碱，放入苦瓜。

❼ 焯煮约1分钟至熟，捞出备用。

❽ 将已撒上淀粉的茄片酿入肉末。

❾ 在已撒上淀粉的苦瓜中塞入肉末。

❿ 将青椒片酿入肉末，装入盘中。

⓫ 锅中注油烧至五成热，放入酿茄子。

⓬ 炸约1分钟至熟透，捞出备用。

做法演示

❶ 锅留油放入酿青椒，慢火煎至肉熟，捞出。

❷ 放入酿苦瓜，慢火煎至金黄色，翻面，再煎至金黄色。

❸ 倒入蒜末。

❹ 加少许清水，淋入料酒煮沸。

❺ 加剩余鸡精、老抽、蚝油炒匀调味。

❻ 放入炸过的酿茄子、酿青椒。

❼ 加剩余盐、味精、白糖调味。

❽ 将煮好的材料盛出装盘。

❾ 原汁加少许水淀粉勾芡，淋入熟油拌匀。

❿ 将稠汁浇在三宝上。

⓫ 撒上葱花即成。

冬笋炒腊肠

🕐 5分钟　　❌ 健脾开胃
🔲 咸香　　😊 一般人群

　　冬笋素有"金衣白玉，蔬中一绝"之美誉，也有"节节高"之寓意，个体丰满、色泽油润黄亮，能够吸收各种食材的味道，是春节里餐桌上的常客；又因其低热量、低脂肪、高膳食纤维的健康优势，获得了"素食第一品"的美誉。将冬笋混着腊肠一炒，清香与咸香相融，鲜味与腊味相溢，妙不可言，简直就是吃货的盛宴！

材料		调料	
冬笋	150克	盐	2克
腊肠	100克	味精	1克
蒜苗段	5克	白糖	2克
蒜末	5克	料酒	5毫升
		蚝油	5毫升
		水淀粉	适量
		食用油	适量

❶ 将已去皮洗净的冬笋切片。

❷ 把洗好的腊肠切成片。

❸ 将切好的腊肠片、冬笋片分别装入盘中备用。

做法演示

❶ 用油起锅，倒入蒜末、蒜苗段爆香。

❷ 倒入腊肠。

❸ 加入少许清水，拌炒片刻至熟。

❹ 倒入冬笋，翻炒1分钟至熟透。

❺ 加入盐、味精、白糖、料酒和蚝油。

❻ 拌炒至入味。

❼ 加入少许水淀粉。

❽ 快速拌炒均匀。

❾ 关火起锅，盛入盘中即可。

食物相宜

促进消化

冬笋

鸡腿菇

益肠胃

冬笋

香菇

小贴士

✪ 冬笋是毛竹冬季在地下生长的颜色洁白、肉质细嫩、味道清新的嫩笋，质量好的冬笋呈枣核形，即两头小中间大，驼背鳞片略带茸毛，皮黄白色，肉淡白色。

养生常识

★ 冬笋是一种富有营养价值并具有一定作用的美味食品，质嫩味鲜，清脆爽口，含有蛋白质和多种氨基酸、维生素，钙、磷、铁等元素以及丰富的膳食纤维，能促进肠道蠕动，既有助于消化，又能预防便秘和结肠癌的发生。

菠萝排骨

- ⏱ 4分钟
- ✖ 开胃消食
- ⚖ 咸酸
- ☺ 一般人群

　　排骨含有大量的磷酸钙、骨胶原、骨黏蛋白等，尤其适宜幼儿和老年人食用以补充钙质。菠萝排骨做法简单，排骨裹上面粉炸至金黄，加入菠萝以增香甜之味、清新之气，加入酸甜红润的番茄汁以添色泽。成菜颜色鲜亮，菠萝酸甜可口，排骨柔软酥糯，只有尝过才知道"才下舌尖却上心头"的奥妙所在。

材料

排骨	150克
菠萝	150克
红椒片	20克
青椒片	20克
葱段	5克
蒜末	5克

调料

盐	3克
味精	1克
吉士粉	适量
面粉	适量
白糖	2克
水淀粉	2毫升
食用油	适量
番茄汁	30毫升

❶ 将洗净的排骨斩成段。

❷ 将菠萝切块。

❸ 排骨加少许盐、味精拌匀，加入吉士粉拌匀。

❹ 均匀裹上面粉腌渍10分钟。

❺ 锅置大火上，注油烧热，放入排骨拌匀。

❻ 炸约4分钟至金黄色且熟透，捞出。

做法演示

❶ 另起油锅，放入葱段、蒜末、青椒片、红椒片爆香。

❷ 加入少许清水，倒入菠萝炒匀。

❸ 倒入番茄汁拌匀，加入白糖和剩余盐调味。

❹ 倒入炸好的排骨，加入水淀粉炒匀。

❺ 淋入少许熟油拌均匀。

❻ 盛入盘内即可。

食物相宜

利尿消肿

菠萝

白茅根

促进蛋白质吸收

菠萝

猪肉

养生常识

★ 菠萝可以作为配料，加到肉汤里，有提鲜的作用。

★ 当吃得过饱、出现消化不良的问题时，吃点菠萝能起到助消化的作用。

小贴士

✿ 优质菠萝的果实呈圆柱形或两头稍尖的卵圆形，大小均匀适中，果形端正，芽眼数量少。完全成熟的菠萝表皮呈淡黄色或亮黄色，两端略带青绿色，上顶的冠芽呈青褐色泽。

苦瓜黄豆排骨煲

🕐 40分钟　　✖ 增强免疫力
🍲 鲜香　　　😊 女性

　　苦瓜可清热祛火，黄豆可健脾宽中，都是好食材，用于炖排骨，更是美味又营养。清苦的苦瓜、清香的黄豆、鲜香的排骨赋予了这道汤品清润甘苦之味，清热消暑、明目解毒之功，是潮汕一带夏日解暑的汤饮。又因苦瓜有凉血解毒的作用，对于夏天容易长痘痘的人来说，常喝这道汤饮可美肤养颜。

材料			调料	
排骨段	300 克		料酒	5 毫升
苦瓜	150 克		盐	3 克
咸菜	100 克		味精	适量
水发黄豆	60 克		淀粉	适量
姜片	3 克		鸡精	1 克
姜丝	3 克		食用油	适量
红椒	20 克			

 **①** 将洗净的咸菜切片。

 **②** 将洗净的苦瓜去籽切段；洗净的红椒切片。

 **③** 排骨段加料酒、少许盐、少许味精，腌渍 10 分钟。

做法演示

 **①** 锅中加清水烧开，倒入咸菜。

 **②** 煮沸后捞出。

 **③** 原锅中放入淀粉。

 **④** 倒入苦瓜，煮约 2 分钟。

 **⑤** 捞出煮好的苦瓜，放入装有清水的碗中过凉水备用。

 **⑥** 热锅注油，烧至五成热，倒入腌好的排骨段。

 **⑦** 炸至断生，捞出。

 **⑧** 锅底留油，放入姜片爆香。

 **⑨** 倒入排骨段，淋入料酒，翻炒均匀。

 **⑩** 加入适量清水，倒入黄豆。

 **⑪** 加盖煮沸。

 **⑫** 揭盖后倒入咸菜、苦瓜。

 **⑬** 加剩余盐、剩余味精、鸡精。

 **⑭** 拌匀调味。

 **⑮** 放入红椒片拌匀。

 **⑯** 将锅中材料盛入砂锅，置于大火上。

 **⑰** 加盖烧开，转小火炖 10 分钟。

 **⑱** 关火后，撒上姜丝，取下砂锅盖即成。

酸梅酱蒸排骨

⏲ 20分钟　　✂ 增强免疫力
⚖ 咸香　　　😊 儿童

　　无菜不蒸，排骨也不例外。排骨含有丰富的蛋白质、钙、磷等营养物质，采用"蒸"的烹调方式，能最好地保护其营养成分。蒸排骨的调料尤其重要，用酸梅酱的酸甜配以排骨的鲜香，慢火热蒸，再辅以辛香的葱花，浓香四溢，鲜美可口，食之油而不腻、口齿生香，尤其是酸梅酱那温和的果酸香甜味，让人回味无穷。

材料		
排骨	450克	
姜末	15克	
葱花	5克	

调料		
酸梅酱	25克	
盐	3克	
料酒	5毫升	
芝麻油	适量	
淀粉	适量	

❶ 把洗净的排骨斩成小块。

❷ 放入盘中。

❸ 加姜末、盐、料酒拌匀。

❹ 倒入酸梅酱拌匀。

❺ 撒上淀粉拌匀，淋入芝麻油腌渍入味。

做法演示

❶ 将腌好的排骨放入盘中，摆好造型。

❷ 将排骨放入蒸锅。

❸ 盖上锅盖，用中火蒸 15 分钟至熟。

❹ 取出蒸好的排骨。

❺ 撒上葱花即成。

食物相宜

滋养生津

排骨

西洋参

抗衰老

排骨

洋葱

小贴士

☺ 酸梅酱可以用来去腥。

☺ 在排骨的选料上，要选肥瘦相间的排骨，不能选全部是瘦肉的，否则肉中没有油分，蒸出来的排骨会比较柴（干）。

养生常识

★ 排骨有很高的营养价值，具有滋阴益气、益精补血的作用。

★ 痰湿内蕴者慎食排骨；肥胖、血脂较高者也不宜多食排骨。

★ 猪肉应煮熟才吃，因为猪肉中有时会有寄生虫，烹饪不完全时，会使人肝脏或脑部寄生钩绦虫。

苦瓜肥肠

🕐 2分钟　　✂ 清热解毒
⚖ 苦　　☺ 男性

　　很多人一提起肥肠，就"谈之色变"，都感觉肥肠脏兮兮的。别看肥肠其貌不扬，只要将它处理干净，就可以烹调出各种美味佳肴。苦瓜肥肠就是一道色香味俱全的粤菜佳肴，经爆炒后的肥肠色泽红亮，软糯入味，咸鲜带辣。一块肥肠、一片苦瓜，一同入口，毫不油腻，滋味儿十足。这可是馋人的香味哟！

材料		调料	
苦瓜	300克	盐	3克
熟肥肠	200克	味精	1克
姜片	5克	料酒	3毫升
蒜末	5克	白糖	2克
葱白	5克	老抽	3毫升
红椒片	20克	水淀粉	适量
		淀粉	适量
		食用油	适量

食材处理

❶ 将已洗好去除瓜瓤的苦瓜切成片。

❷ 将肥肠切小段。

❸ 在热水锅中加入淀粉烧开。

❹ 倒入苦瓜。

❺ 煮沸后捞出。

做法演示

❶ 用油起锅，倒入姜片、蒜末、葱白、红椒片。

❷ 倒入肥肠炒匀。

❸ 加适量料酒炒香。

❹ 加老抽上色。

❺ 倒入苦瓜翻炒至熟。

❻ 加盐、味精、白糖调味。

❼ 用水淀粉勾芡。

❽ 淋入熟油拌匀。

❾ 盛出即成。

食物相宜

清热解毒、补肝明目

苦瓜

＋

猪肝

增强免疫力

苦瓜

＋

洋葱

香芹炒猪肝

🕐 5分钟　　❌ 益气补血

⚖ 咸香　　😊 女性

　　春天阳气生发、万物萌生，肝阳上亢，困倦疲乏，此时养肝极为重要，而通过食疗养肝则是春季养生的根本。猪肝富含维生素 A、铁、锌、铜等成分，有补血健脾、养肝明目的作用；香芹具有清热解毒、清火除热的作用，是春季清补养肝佳品。香芹、猪肝同食，可养肝护肝，让你拥有一个神清气爽的春天！

材料

猪肝	200克
香芹	150克
姜片	10克
蒜末	5克
红椒丝	20克

调料

盐	3克
水淀粉	10毫升
味精	1克
白糖	2克
蚝油	5毫升
姜葱酒汁	适量
芝麻油	适量
食用油	适量

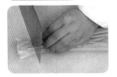  

① 将洗净的香芹切成段。

② 将处理干净的猪肝切片，装入盘中。

③ 将猪肝加入姜葱酒汁、少许盐、少许味精、少许水淀粉腌渍。

做法演示

① 热锅注油，烧热，倒入猪肝炒匀。

② 放入姜片、蒜末、红椒丝炒匀。

③ 倒入香芹段炒匀。

④ 加入剩余盐、剩余味精、白糖炒匀。

⑤ 加入蚝油炒匀。

⑥ 用剩余水淀粉勾芡。

⑦ 淋入少许芝麻油。

⑧ 快速炒匀。

⑨ 盛出装盘即可。

食物相宜

补益肝肾

猪肝

榛子

改善贫血

猪肝

菠菜

小贴士

◎ 猪肝的筋膜要除去，否则不易嚼烂、消化。

◎ 要将买回来的猪肝冲洗 10 分钟，然后放在水中浸泡 30 分钟方可烹制。

雪梨猪肺汤

⏱ 58 分钟　　✕ 清燥润肺

🌡 清淡　　☺ 一般人群

在秋天这个干燥的季节，肺是最容易受损的，因此秋天适宜吃些生津养阴、滋润多汁的食物。雪梨香甜多汁，有润肺生津、清热化痰的作用，是肺燥咳嗽的常用果品。按照中医理论"取类比象"，以肺补肺，猪肺有补肺、止咳、益气的作用。将雪梨、猪肺合煮为汤，清润香甜，共奏清燥润肺的作用。

材料		调料	
猪肺	200 克	盐	3 克
雪梨	80 克	鸡精	1 克
姜片	20 克	料酒	3 毫升

食材处理

❶ 将洗净的雪梨切块。

❷ 将处理好的猪肺切成块。

做法演示

❶ 锅中加清水，倒入猪肺加盖煮约 5 分钟至熟。

❷ 捞出煮熟的猪肺。

❸ 砂锅置于大火上，加适量清水烧开。

❹ 倒入猪肺，放入姜片、料酒。

❺ 加盖烧开后，小火煲 40 分钟。

❻ 揭盖加入雪梨。

❼ 加盖以小火煲 10 分钟。

❽ 揭盖，加盐、鸡精调味。

❾ 转到汤碗即可。

小贴士

✪ 猪肺不要买鲜红色的，充血的猪肺炖出来会发黑，最好选择颜色稍淡的猪肺。

✪ 猪肺保存时间不宜超过 72 小时。

食物相宜

可改善咳嗽

猪肺

白萝卜

改善咯血症状

猪肺

白芨

养生常识

★ 梨水分充足，富含多种维生素、矿物质，能够帮助器官排毒、净化，还能软化血管、促进血液循环，维持机体的健康。

胡萝卜丝炒牛肉

⏰ 3分钟　　🔪 益气补血
🔥 鲜香　　😊 女性

　　胡萝卜丝炒牛肉是一道非常养眼又养胃的菜品，牛肉的味道与营养皆为上品，有"肉中骄子"之美称；胡萝卜营养丰富，有"小人参"之美誉。二者搭配，可谓营养的"强强联合"，再辅以红的辣椒、绿的蒜薹、白的鸡腿菇，更是锦上添花。成菜色泽鲜亮，鲜香嫩滑。细细咀嚼，牛肉丝中透着胡萝卜的自然香甜，更加美味动人。

材料		调料	
牛肉	300克	盐	3克
鸡腿菇	100克	味精	1克
胡萝卜	80克	淀粉	适量
红椒	10克	水淀粉	适量
蒜薹	10克	料酒	5毫升
葱白	5克	生抽	5毫升
姜片	5克	蚝油	5毫升
蒜末	5克	食用油	适量

❶ 将已去皮洗净的胡萝卜切丝。

❷ 把洗净的鸡腿菇切成丝。

❸ 红椒洗净、切丝。

❹ 把洗好的牛肉切成丝。

❺ 牛肉加淀粉、生抽、少许盐、少许味精拌匀。

❻ 加水淀粉拌匀，加适量食用油腌渍片刻。

❼ 锅中加水煮沸，加少许盐、味精、食用油，倒入胡萝卜、鸡腿菇拌匀。

❽ 煮沸后捞出。

❾ 倒入牛肉。

❿ 汆至断生后捞出。

⓫ 热锅注油，烧至四成热，倒入牛肉。

⓬ 滑油片刻后捞出。

做法演示

❶ 锅留底油，倒入蒜末、葱白、姜片、红椒、蒜薹段炒香。

❷ 放入胡萝卜、鸡腿菇拌炒片刻。

❸ 倒入牛肉，加入料酒、蚝油、剩余盐、剩余味精炒至熟。

❹ 加入少许水淀粉。

❺ 盛出即可。

开胃消食

胡萝卜

香菜

排毒瘦身

胡萝卜

＋

绿豆芽

润肠通便

胡萝卜

＋

菠菜

鸡腿菇炒牛肉

| ⏱ 3分钟 | ✖ 增强免疫力 |
| 🍲 鲜香 | ☺ 老年人 |

　　鸡腿菇因形如鸡腿、味似鸡肉而得名，被誉为"菌中新秀"。做这道鸡腿菇炒牛肉的关键在于滑油，既保留了食材滑嫩的口感，还使食材保持形态饱满，富有光泽。滑油后的牛肉、鸡腿菇入锅同炒，再烹入蚝油提鲜，鲜香、清香、咸香相得益彰，令人惊喜。成菜油光亮泽，口感滑嫩，味道鲜美得简直让人停不了口！

材料

牛肉	200 克
鸡腿菇	150 克
青椒	15 克
红椒	15 克

调料

盐	3 克
味精	1 克
白糖	2 克
水淀粉	适量
淀粉	适量
生抽	3 毫升
蚝油	5 毫升
料酒	5 毫升
食用油	适量

❶ 将洗好的鸡腿菇切成片。

❷ 将洗净的青椒、红椒分别切片。

❸ 把洗净的牛肉切成片。

❹ 牛肉加入淀粉、生抽、少许味精、少许盐、少许水淀粉拌匀。

❺ 倒入食用油，腌渍10分钟入味。

❻ 热锅注油，烧至四成热，倒入牛肉。

❼ 滑油约1分钟至断生后捞出。

❽ 倒入鸡腿菇、青椒片、红椒片。

❾ 滑油片刻后捞出备用。

做法演示

❶ 锅留油，倒入鸡腿菇、青椒、红椒、牛肉。

❷ 剩余加盐、剩余味精、白糖、蚝油和料酒翻炒至熟。

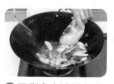

❸ 用剩余水淀粉勾芡。

❹ 翻炒片刻至熟透且充分入味。

❺ 出锅盛盘即可。

食物相宜

保护胃黏膜

牛肉

＋

土豆

延缓衰老

牛肉

＋

鸡蛋

蚝油青椒牛肉

🕐 4分钟		✂ 增强免疫力	
🔺 辣		☺ 男性	

　　做菜是创造性的劳动，越是单一的食材，越要"化腐朽为神奇"。牛肉如何做出不同于寻常的滋味？不如加点辛香的青椒、红椒一扫其腥味，可添清爽口感；再烹入鲜咸的蚝油以提其鲜；最后以水淀粉勾芡以增其色。成菜色泽鲜亮，香滑鲜嫩，诱惑十足。其实，做菜也是艺术创作的过程，一些突发的灵感总能妙笔生花！

材料

牛肉	300克
青椒	30克
红椒	15克
姜片	5克
蒜末	5克
葱白	5克

调料

盐	3克
白糖	2克
水淀粉	10毫升
淀粉	1克
生抽	3毫升
老抽	3毫升
蚝油	5毫升
料酒	5毫升
食用油	适量

❶ 将牛肉洗净，切段，再切成丁。

❷ 将青椒、红椒分别洗净，切片。

❸ 牛肉丁加少许淀粉、生抽、少许盐拌匀。

❹ 加入少许水淀粉拌匀，加食用油，腌渍15分钟。

❺ 热锅注油，烧至四成热，倒入牛肉丁。

❻ 滑油片刻捞出。

做法演示

❶ 锅留底油，倒入姜片、蒜末、葱白爆香。

❷ 加青椒片、红椒片炒匀。

❸ 倒入牛肉丁炒匀。

❹ 淋入料酒炒香。

❺ 加剩余盐、白糖、蚝油、老抽炒匀。

❻ 加剩余水淀粉勾芡。

❼ 翻炒至入味。

❽ 盛入盘中即可。

食物相宜

保护胃黏膜

牛肉

＋

土豆

补脾健胃

牛肉

＋

洋葱

南瓜咖喱牛腩

🕐 6分钟　　🍴 增强免疫力
⚖ 鲜　　😊 老年人

　　咖喱牛腩是咖喱菜中比较经典的一道，牛腩软硬适中，土豆软糯不烂，咖喱质地浓稠，包裹在牛腩表面，浓郁香醇，不油不腻。将咖喱牛腩倒入蒸熟的南瓜盅中，土豆、牛腩、咖喱汤汁充分吸收南瓜的香甜，让整道菜不管是味道还是颜色，都以最完美的姿态呈现。成菜汤汁浓郁，色彩缤纷，用来拌米饭更是绝配。

材料

熟牛腩	250克
土豆	80克
洋葱片	30克
南瓜	1个
姜片	5克
蒜末	5克
葱白	5克

调料

咖喱膏	20克
淡奶	30毫升
盐	4克
味精	1克
白糖	2克
生抽	3毫升
料酒	5毫升
水淀粉	适量
芝麻油	适量
食用油	适量

❶ 将洗净的南瓜切下一个盖子，用工具在南瓜切口边上雕出齿状花边。

❷ 用勺子挖去瓤、籽，制成南瓜盅。

❸ 将熟牛腩切成块。

❹ 将去皮洗净的土豆切厚片，再切成块。

❺ 热水锅加盖，小火煮南瓜盅约2分钟至熟。

❻ 揭盖，将南瓜盅取出备用。

❼ 热锅注油，烧至五成热，倒入土豆。

❽ 炸至米黄色捞出。

做法演示

❶ 锅留底油，倒入姜片、蒜末和葱白爆香。

❷ 加入洋葱炒香。

❸ 倒入切好的牛腩，炒匀，淋入少许料酒。

❹ 加咖喱膏翻炒均匀。

❺ 倒入少许清水、淡奶。

❻ 倒入滑油后的土豆块。

❼ 加盐、味精、白糖、生抽炒匀。

❽ 小火煮约2分钟至入味。

❾ 用水淀粉勾芡。

❿ 大火收汁，加少许芝麻油炒匀。

⓫ 翻炒片刻至入味。

⓬ 将炒好的牛腩盛入南瓜盅内即成。

第 4 章

美味禽蛋，
食补之佳肴

　　翻阅粤菜的食谱，会发现广东人对禽肉，特别是鸡、鸭、鹅情有独钟，其中关于鸡肉的菜式最为众多，在坊间甚至有"无鸡不成宴"的说法。鸡肉营养丰富，味道鲜美，又毫无腥臊之气，自然更受人们的青睐。禽肉和鸡蛋是生活中最常见的食材，本章将为你介绍如何将这些平凡的食材施以妙手，最终烹制成让人叫绝的美味佳肴。

香蕉滑鸡

| ⏱ 3分钟 | ✂ 开胃消食 |
| 🔺 甜 | ☺ 一般人群 |

　　爱吃香蕉的朋友们有口福了，香蕉滑鸡是一道秀色可餐的营养美食。香蕉外卷一层鸡肉，再蘸上蛋液，裹上面包糠，油炸至熟。此时的香蕉就如同穿了一件金黄色的"外衣"，漂亮动人。香蕉软绵，"外衣"香脆，一口咬下去，咯吱作响的声音着实惊艳，让人忍不住多吃几块，吮指回味无穷！

材料		调料	
鸡胸肉	300克	淀粉	适量
香蕉	1根	盐	3克
蛋液	适量	料酒	5毫升
面包糠	适量	食用油	适量

❶ 将洗净的鸡胸肉切薄片，装盘备用。

❷ 将香蕉切段，去皮，切成四等份的条块。

❸ 将香蕉装盘，撒入淀粉。

❹ 鸡肉撒上盐、料酒、蛋液拌匀，腌渍 10 分钟。

❺ 在鸡肉片上放香蕉条。

❻ 卷紧实，即成肉卷。

❼ 摆在盘中备用。

❽ 肉卷蘸上蛋液，再裹上面包糠。

❾ 装盘备用。

做法演示

❶ 热锅注油烧四成热，放鸡肉卷，炸 2 分钟。

❷ 将炸好的鸡肉卷从油锅中夹入盘中。

❸ 摆上装饰品即可。

食物相宜

改善睡眠

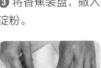

香蕉

＋

燕麦

清热润肠

香蕉

＋

李子

小贴士

✿ 应选没有黑斑的香蕉食用。肥大饱满的香蕉品质较好。

✿ 香蕉不要放入冰箱中，宜放在 10 ～ 25℃条件下储存。

冬瓜鸡蓉百花展

🕐 12分钟　　🔪 清热利尿
🔲 清淡　　　😊 一般人群

　　冒雨剪韭、煮雪烹茶的情致，在忙碌的现代人眼里早已成了奢望，但是在悠闲的周末，烹饪一道美食犒赏自己和家人却不是难事。一块冬瓜，一小块鸡胸肉剁成肉蓉，几朵西蓝花，几个鹌鹑蛋，少许红椒，细心烹制，精致摆盘，一道赏心悦目的美味即成。成菜颜色漂亮，味道鲜美，老年人和小孩都喜爱。生活如同做菜，多动一点点心思，便能收获意外的惊喜。

材料		调料	
冬瓜	350克	盐	3克
去壳熟鹌鹑蛋	100克	味精	1克
鸡胸肉	100克	鸡精	1克
西蓝花	80克	淀粉	适量
红椒	5克	水淀粉	适量

❶ 将冬瓜洗净、去皮切菱形块，取少许冬瓜皮切丝备用。

❷ 将西蓝花洗净、切朵。

❸ 将红椒洗净切小菱形片。

❹ 将洗净的鸡胸肉剁成肉蓉。

❺ 用小刀将冬瓜块中心掏空备用。

❻ 锅中倒入适量清水烧开，倒入冬瓜块。

(image)

❼ 焯约1分钟至熟捞出。

❽ 放入西蓝花，加少许食用油拌匀。

❾ 焯熟后捞出。

(image)

❿ 鸡蓉加少许盐、少许味精、少许水淀粉搅至起浆。

⓫ 冬瓜块掏空处抹上少许淀粉，塞入鸡蓉。

⓬ 放上冬瓜皮丝、红椒片，摆出花形。

做法演示

❶ 将鸡蓉冬瓜、鹌鹑蛋放入蒸锅蒸8分钟。

❷ 将西蓝花反扣入盘内。冬瓜、鹌鹑蛋蒸熟取出，摆入盘中造型。

❸ 锅中倒入少许清水，加剩余盐、剩余味精、鸡精、食用油煮沸，再加剩余水淀粉搅匀制成稠汁。

(image)

❹ 将稠汁浇于冬瓜、西蓝花、鹌鹑蛋上即成。

降低血压

冬瓜

＋

海带

降低血脂

冬瓜

＋

芦笋

润肤，养颜

冬瓜

＋

甲鱼

炸蛋丝滑鸡丝

🕐 5分钟　　✖ 增强免疫力
🧂 清淡　　😊 一般人群

　　鸡肉采用滑炒的方式，鲜嫩细滑，清香诱人，再辅以胡萝卜的黄、青椒的绿、红椒的红，色泽鲜艳，滑嫩清香。炸好的鸡蛋丝黄亮酥脆，铺在盘底，倒入炒好的鸡丝，红绿相映、黄白互衬，颜色鲜亮，诱人食欲，往往还没吃就忍不住咽口水了。

材料

鸡胸肉	200克
韭黄	50克
青椒	30克
红椒	30克
胡萝卜	30克
鸡蛋	2个
姜丝	5克
蒜末	5克

调料

盐	3克
味精	1克
水淀粉	适量
料酒	5毫升
老抽	3毫升
蚝油	3毫升
食用油	适量

❶ 将洗净的韭黄切成段。

❷ 将洗好的青椒切成丝。

❸ 将洗净的红椒切成丝。

❹ 将去皮洗净的胡萝卜切成丝。

❺ 将洗好的鸡胸肉切成丝。

❻ 将鸡蛋打入碗中。

❼ 用打蛋器将鸡蛋打散备用。

❽ 鸡肉加少许盐、少许味精、少许水淀粉、油拌匀腌 10 分钟。

❾ 锅中加清水，放入胡萝卜，煮沸后捞出。

食物相宜

补五脏、益气血

鸡肉

+

枸杞子

益气补虚

鸡肉

+

人参

滋补身体

鸡肉

+

香菇

做法演示

❶ 锅加油烧热，倒蛋液搅散，炸成蛋丝，捞出，摆入盘中。

❷ 倒入肉丝，滑油片刻捞出。

❸ 锅留油，放入姜、蒜、青椒、红椒、胡萝卜炒匀。

❹ 加鸡肉、剩余盐、剩余味精、料酒，翻炒入味，加老抽、蚝油炒匀调味。

❺ 倒入韭黄翻炒，加入水淀粉炒匀。

❻ 将肉丝放入盛着蛋丝的盘中即可。

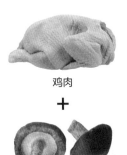

怪味鸡丁

🕐 3分钟　　✂ 健脾开胃

⚖ 酸甜　　☺ 老年人

　　烹调一道怪味鸡丁，就好比艺术家天马行空的思想和挥毫泼墨的创作，黄的菠萝、红的红椒、绿的青椒，信手拈来，随手添加，颜色出奇的漂亮；甜的、咸的、酸的，味道十足。举手投足间，成就了一份赏心悦目的盘中佳肴，口感爽滑，咸甜适中，清香弥漫，可谓"怪亦有道"。

材料		调料	
菠萝	250克	盐	3克
鸡胸肉	200克	白糖	2克
青椒片	30克	味精	1克
红椒片	30克	料酒	3毫升
蒜末	5克	水淀粉	适量
姜片	5克	番茄汁	适量
葱	5克	食用油	适量

食材处理

❶ 将菠萝切成丁。

❷ 将洗净的鸡胸肉切成丁。

❸ 鸡丁加入少许盐、味精、少许水淀粉拌匀。

❹ 加入少许食用油，腌渍 10 分钟。

❺ 锅中注入清水烧开，倒入切好的菠萝。

❻ 煮约 1 分钟，捞出备用。

❼ 热锅注油，烧至四成热，倒入鸡胸肉。

❽ 滑油至白色，捞出备用。

做法演示

❶ 锅留油，倒入葱、姜片、蒜末、青椒片、红椒片，炒香。

❷ 倒入菠萝、鸡丁炒匀至熟。

❸ 加入料酒炒香。

❹ 加入剩余盐、白糖、番茄汁，炒匀调味。

❺ 加入剩余水淀粉，快速翻炒均匀。

❻ 将炒好的怪味鸡丁盛入盘内即可。

食物相宜

健脾开胃

菠萝

+

鸡肉

生津止渴

菠萝

+

冰糖

三杯鸡

🕐 15分钟　✗ 健脾益气
🔲 鲜香　😊 女性

　　三杯鸡是广东的传统名菜，其风味独特，因烹调时加入糯米酒、生抽、甘草焖煮，使得鸡肉色泽红润光亮，甜中带咸，咸中带鲜，口感软滑细嫩，酱汁醇厚香浓。尽管菜还在厨房，闭上眼睛，贪婪地嗅着那由远及近、扑面而来的香味，早已心花怒放、垂涎三尺。

材料		调料	
鸡肉	500克	盐	5克
糯米酒	150毫升	鸡精	3克
甘草	3克	白糖	2克
青椒	20克	淀粉	适量
红椒	20克	生抽	3毫升
姜片	5克	老抽	3毫升
葱条	5克	料酒	5毫升
		食用油	适量

食材处理

❶ 将红椒洗净切开，去籽，切成片。

❷ 将青椒洗净切开，去籽，切成片。

❸ 将鸡处理干净，切去鸡头和鸡爪，加少许姜片、葱条。

❹ 将鸡肉加料酒、生抽、老抽抹匀，腌渍15分钟。

❺ 热锅注油，烧至五成热，放入鸡炸约2分钟至金黄色。

❻ 将炸好的鸡肉捞出沥油。

做法演示

❶ 锅底留油，放入剩余姜片、鸡爪、鸡头，加白糖炒匀。

❷ 倒入糯米酒，加生抽搅匀。

❸ 放入鸡，加少许清水，放入洗净的甘草。

❹ 煮沸后，放入盐、鸡精调味。

❺ 加盖，焖煮至鸡完全熟透。

❻ 大火收汁，倒入青椒片、红椒片炒匀。

❼ 将鸡取出，待凉斩成块，摆入盘中。

❽ 原汤汁加适量淀粉调成浓汁。

❾ 浓汁浇在鸡块上，加青椒片、红椒片点缀即成。

食物相宜

增强食欲

鸡肉

+

柠檬

增强记忆力

鸡肉

+

金针菇

**促进消化
补充钙质**

鸡肉

+

青豆

湛江白切鸡

⏱ 30分钟　　✖ 益气补血

🡇 清淡　　😊 女性

　　鸡肉鲜嫩，煮熟冷激后，皮爽肉滑，清淡鲜香，色泽金黄油亮。均匀地抹上一层香油，切成一块一块的，食用时加以丰富的蘸料，香味、辣味恰到好处。炎炎夏日里，置身清风徐来的阳台藤椅上，来一道清淡又有营养的湛江白切鸡，是不是觉得身心都跟着凉爽了起来呢？

材料		调料	
光鸡	1500克	盐	3克
沙姜	20克	鸡精	1克
姜片	10克	白糖	2克
葱	5克	味精	1克
		香油	适量
		料酒	5毫升
		花生油	适量

❶ 把光鸡洗净，切下鸡爪，切去爪尖。

❷ 蒸锅倒入半锅清水烧开。

❸ 加入姜片、葱、料酒。

❹ 加少许鸡精、少许盐、少许味精煮沸。

❺ 手提鸡头将鸡身浸入锅氽烫、控水，重复数次。

❻ 用小火煮20分钟。

❼ 鸡熟透后取出。

❽ 放入冰水中浸没冰冻2~3分钟。

❾ 沙姜切末，加鸡精、白糖、剩余味精、剩余盐、剩余香油拌匀。

❿ 锅加油烧至七成热，热油淋入沙姜末中制成蘸料。

⓫ 熟鸡冰冻后取出，均匀抹上香油，改刀斩块。

⓬ 装入盘中，与蘸料一同上桌即成。

小贴士

✪ 沙姜用途很多，不止可以当作调料，置于衣物中，还可防虫。

✪ 一次不宜吃过多姜，以免吸收大量姜辣素，在经肾脏排泄过程中会刺激肾脏，并产生口干、咽痛、便秘等"上火"症状。

✪ 烂姜、冻姜不要吃，因为姜变质后会产生致癌物。姜性质温热，只能在受寒的情况下作为食疗应用。

健脾养胃

鸡肉

板栗

排毒养颜

鸡肉

冬瓜

增强食欲

鸡肉

柠檬

红酒焖鸡翅

🕐 4分钟　　✖ 开胃消食

🅰 咸香　　　☺ 一般人群

　　想要菜肴美味又要富有情调，何不试试红酒焖鸡翅。将鸡翅腌渍调味，油炸至金黄色，皮酥肉嫩，来点芬芳的红酒，让香浓之气渗入鸡翅之中，使得色香味散发得淋漓尽致。香甜欲滴的红酒，裹着酥嫩的鸡翅，再配上些许生机勃勃的绿意，摆盘即成。品尝前不妨关掉灯，点上两根蜡烛，享受一番简单的浪漫。

材料		调料	
鸡翅	450克	盐	3克
红酒	50毫升	白糖	2克
葱结	20克	生抽	3毫升
姜片	20克	料酒	5毫升
		芝麻油	适量
		食用油	适量

食材处理

❶ 将鸡翅洗净，倒入
葱结和少许姜片拌匀。

❷ 加料酒、白糖、少
许盐、生抽拌匀，腌
渍 15 分钟。

❸ 锅中注入食用油烧
热，放入鸡翅。

❹ 搅拌一会儿，小火
炸约 1 分钟至金黄色。

❺ 捞出沥油备用。

做法演示

❶ 锅底留油，放入余
下的姜片爆香。

❷ 放入鸡翅。

❸ 倒入红酒，注入
少许清水，加剩余盐
调味。

❹ 盖上盖子，中火焖
1 ~ 2 分钟至熟透。

❺ 揭开盖，转大火收
汁，淋入芝麻油炒匀。

❻ 拣入盘中，摆好盘
即成。

小贴士

❖ 红酒和葡萄皮中富含的白藜芦醇在抗衰老和防止老龄化疾病及生理
功能衰退等方面富有成效。

❖ 适量饮用葡萄酒，既能增加营养，又能防病驻颜，对身体的健康是
大有好处的。

食物相宜

增强记忆力

鸡翅

+

金针菇

健脾、利尿

鸡翅

+

冬瓜

补五脏、益气血

鸡翅

+

枸杞子

蚝皇凤爪

⏱ 5分钟　　✂ 增加食欲

🔥 香辣　　☺ 女性

　　广东人嗜食鸡爪，吃法颇多。蚝皇凤爪属于广州菜系。成品凤爪红亮，骨肉易脱，胶质厚重，口感嫩滑之余，还有香浓的蚝油味，食之有灌汤含浆之感，风味独特。鸡爪含有丰富的胶原蛋白，常食不仅能软化血管，还能带给你细嫩柔滑的好肤质。鸡爪的脂肪含量很低，好吃且不易发胖，赶紧一饱口福吧！

材料

鸡爪	300 克
红椒粒	20 克
蒜末	5 克
葱花	5 克

调料

水淀粉	10 毫升
盐	5 克
白糖	2 克
鸡精	2 克
味精	1 克
料酒	5 毫升
老抽	3 毫升
蚝油	5 毫升
鲍鱼汁	适量
食用油	适量

❶ 鸡爪洗净，淋入老抽拌匀上色。

❷ 热锅注油，烧至六成热。

❸ 倒入鸡爪，炸约 2 分钟至金黄色。

❹ 将炸好的鸡爪捞出来。

❺ 烧开半锅清水，加少许盐、鸡精、料酒、少许老抽。

❻ 放入炸好的鸡爪。

❼ 加盖，慢火焖煮 15 分钟。

❽ 将鸡爪捞出，将爪尖切去。

做法演示

❶ 用油起锅，倒入红椒粒、蒜末爆香。

❷ 加少许清水、蚝油、鲍鱼汁拌匀煮沸。

❸ 加剩余老抽、白糖、剩余盐、味精调味。

❹ 倒入鸡爪烧煮约 1 分钟入味。

❺ 加水淀粉勾芡。

❻ 加少许熟油炒匀。

❼ 用筷子夹出鸡爪，摆入盘内。

❽ 浇上芡汁、撒上葱花即可。

食物相宜

补五脏、益气血

鸡爪

＋

枸杞子

健脾益气

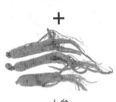

鸡爪

＋

人参

促进食欲

鸡爪

＋

柠檬

菠萝鸡片汤

🕐 20分钟　　✂ 开胃消食

🧂 酸甜　　😊 儿童

　　春季正是菠萝大量上市的时节，还未走近就已经闻到那独特的浓香。在粤菜里，菠萝是很常见的配菜。鸡肉肉质细嫩，滋味鲜美，蛋白质含量高，且易被人体吸收利用。当菠萝的果香配上鸡肉的鲜香，香味四溢，酸甜可口，开胃醒神，健脾止渴。

材料

鸡胸肉	150克
菠萝	100克
姜片	5克
葱花	5克

调料

水淀粉	10毫升
盐	6克
鸡精	6克
胡椒粉	适量
食用油	适量
芝麻油	适量

❶ 将菠萝切片。

❷ 将洗净的鸡胸肉切薄片，装入碗中。

❸ 肉片加少许盐、少许鸡精、少许水淀粉、食用油拌匀腌10分钟。

做法演示

❶ 锅中加约600毫升清水烧开。

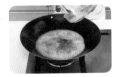

❷ 加入剩余食用油、剩余盐、剩余鸡精。

❸ 倒入切好的菠萝煮沸。

❹ 倒入肉片，拌匀，放入姜片。

❺ 煮约1分钟至熟。

❻ 加胡椒粉、芝麻油。

❼ 搅拌均匀。

❽ 将做好的汤盛入碗中，撒上葱花即可。

小贴士

✿ 鸡胸肉属于低脂肪的肉食，经过加热，便于冷冻保存。可用塑胶袋包好放在冰箱保存。需要做成鸡汤或菜时，随取随用。

养生常识

★ 鸡胸肉性温、味甘，入脾、胃经，有温中益气、补虚填精、健脾胃、强筋骨的作用。

食物相宜

增强免疫力

鸡肉

+

杏鲍菇

补中益气

鸡肉

+

口蘑

延缓衰老

鸡肉

+

洋葱

枸杞红枣乌鸡汤

⏰ 62分钟　　❌ 补血养颜
⚖️ 鲜美　　😊 女性

　　红枣自古以来是补血佳品；乌鸡含丰富的黑色素、蛋白质、B 族维生素和多种氨基酸等，更能益气滋阴、补血养颜，用来做汤更有利于人体的吸收。这道枸杞红枣乌鸡汤集营养和美味于一身，特别适合女性朋友，经常食用不仅可以调理身体，对产后都有很大的帮助，还能补血美容。

材料

乌鸡	500 克
红枣	100 克
枸杞子	25 克
葱结	20 克
姜片	10 克

调料

鸡精	1 克
盐	3 克
料酒	5 毫升
食用油	适量

❶ 将处理干净的乌鸡斩块。

❷ 锅中注水烧开，倒入乌鸡块。

❸ 汆至断生捞出。

做法演示

❶ 炒锅注油，烧热。

❷ 放入姜片、葱结爆香。

❸ 倒入鸡块。

❹ 加入少许料酒。

❺ 倒入适量清水。

❻ 放入鸡精、盐，大火煮沸。

❼ 挑去葱结，捞去浮沫，放入红枣、枸杞子。

❽ 将锅中的材料盛入汤盅。

❾ 将汤盅放入蒸锅。

❿ 加盖，蒸 1 小时。

⓫ 汤炖成取出即可。

养生常识

★ 乌鸡适合体虚血亏、肝肾不足、脾胃不健的人食用。

★ 乌鸡虽是补益佳品，但多食能生痰助火、生热动风，故感冒发热或湿热内蕴者不宜食用。

★ 乌鸡炖煮时最好不用高压锅，使用砂锅小火慢炖最好。

食物相宜

促进锌吸收

乌鸡

核桃

养阴、补中

乌鸡

大米

补血养颜

乌鸡

红枣

虫草花鸭汤

🕐 70分钟　　✖ 保肝护肾
⚖ 鲜美　　　😊 男性

　　虫草花鸭汤是广东经典的老火汤。金黄色的虫草花含有丰富的蛋白质、氨基酸以及虫草素、甘露醇、多糖等成分，有提高免疫力、抗氧化、防衰老等作用；鸭肉具有清热解毒、滋阴降火等作用。二者一起煮汤，不仅美味而且能滋阴润肺。夏季食用既能补充过度消耗的营养，又可缓解暑热给人体带来的不适。

材料		调料	
鸭肉	500克	盐	3克
虫草花	50克	鸡精	1克
姜片	5克	料酒	5毫升
		食用油	适量

食材处理

❶ 将洗净的鸭肉斩成块。

❷ 锅中加水烧开，倒入鸭肉，加锅盖用大火煮。

❸ 至鸭肉断生时，捞出备用。

做法演示

❶ 用油起锅，放入姜片爆香。

❷ 倒入鸭块，加料酒炒 2 ~ 3 分钟。

❸ 加适量清水，加盖煮沸。

❹ 揭盖，捞去浮沫。

❺ 放入洗好的虫草花。

❻ 将锅中材料及汤汁倒入砂锅中。

❼ 加盖，用大火烧开，改小火炖 1 小时。

❽ 揭盖，加入盐、鸡精调味即成。

食物相宜

滋阴润肺

鸭肉

山药

滋阴清热

鸭肉

金银花

小贴士

✪ 虫草花外观上最大的特点是没有了"虫体"，而只有橙色或者黄色的"草"。

鲍汁扣鹅掌

🕐 6 分钟　　✂ 防癌抗癌

🔥 鲜美　　☺ 女性

　　鲍鱼是海味极品，鲍汁的身份自然也甚为高贵。作为调料的鲍汁，色泽深褐、油润爽口、味道鲜美、香气浓郁，以其焖制鹅掌，让鹅掌所溢出的胶质与鲍汁融合，甘香软滑，酥烂脱骨。出锅摆盘，旁边配上几朵碧绿脆嫩的西蓝花，色香味跃然而出，正好平衡菜式的稠腻口感，怎样吃都不腻。

材料

卤鹅掌	150 克
西蓝花	100 克

调料

盐	3 克
水淀粉	适量
食用油	适量
鲍汁	80 毫升

食材处理

❶ 锅中加清水，加少许食用油、盐拌匀。

❷ 待煮沸后倒入西蓝花。

❸ 焯煮约1分钟，捞出摆盘。

做法演示

❶ 炒锅注油，烧热。

❷ 倒入鲍汁。

❸ 倒入预先卤好的鹅掌。

❹ 拌匀，烧煮约5分钟至软烂。

❺ 加入水淀粉。

❻ 用汤勺拌匀，再淋入少许熟油拌匀。

❼ 关火，用筷子将鹅掌夹入盘中。

❽ 把锅中原汁浇在鹅掌上即成。

食物相宜

预防消化系统疾病

西蓝花

+

胡萝卜

防癌抗癌

西蓝花

+

西红柿

小贴士

❂ 不能过度烹饪西蓝花，这样会使蔬菜带有强烈的硫黄味并且损失营养，最好通过蒸或微波炉来加热。

❂ 西蓝花虽然营养丰富，但常有残留的农药，还容易生菜虫，所以可先将其放在盐水里浸泡几分钟再烹煮。

养生常识

★ 将不同的蔬菜混在一起，如菜花、甘蓝，再加上一些萝卜，营养更丰富。同时摄入不同的十字花科蔬菜，更有利于吸收其中的营养素。

脆皮乳鸽

🕐 2分钟　　❌ 益气补血

🔲 酥香　　　😊 女性

　　民间一直有"一鸽胜九鸡"的说法，脆皮乳鸽经卤煮、风干、油炸制成，营养自然比不上清蒸或者清炖之类的，但是胜在外酥里嫩。甘香酥脆的外皮，金红油亮的色泽，鲜嫩多汁的肉质，连骨头都十分入味，啃完满口余香，让你欲罢不能。难怪受到无数吃货的追捧！

材料		调料	
光乳鸽	1只	盐	3克
草果	适量	味精	1克
八角	适量	料酒	5毫升
桂皮	适量	红醋	5毫升
香叶	适量	麦芽糖	适量
姜片	5克	淀粉	适量
葱	5克	食用油	适量

❶ 锅中加清水，放入香料，加盖开大火焖20分钟。

❷ 加入味精、姜片、葱、盐、料酒煮沸，制成白卤水。

❸ 将乳鸽放入卤水锅中。

❹ 加盖浸煮15分钟至熟且入味，取出。

❺ 另起锅，倒入红醋、麦芽糖、淀粉、乳鸽。

❻ 用竹签穿挂好，风干2小时。

做法演示

❶ 锅注油烧六成热，放入乳鸽淋油1分钟。

❷ 呈棕红色，且表皮酥脆即可捞出装盘。

小贴士

✪ 炖肉时，肉下锅就放入八角，香味可充分融入肉内，使肉味更加醇香。

✪ 因为八角的味道非常浓郁，料理时通常只要添加几粒，风味就很足了。

✪ 香叶适合在烹调肉类时，或者是在调制肉类的蘸酱时加一点进去，但因它的味道很重，所以不能加太多，否则会盖住食物的原味。

养生常识

★ 草果性温、味辛，归脾、胃经，芳烈燥散，具有温中燥湿、辟秽截疟的功效。

★ 桂皮中含有的苯丙烯酸类化合物，对前列腺增生有辅助治疗作用。

食物相宜

补肾益气

乳鸽

板栗

补益脾胃

乳鸽

山药

蛋里藏珍

⏱ 8分钟	✂ 增强免疫力
⚖ 清淡	☺ 儿童

　　鸡蛋算是最亲民的滋补品了，老百姓的餐桌上都少不了它的身影。蛋里藏珍是一道考验主妇们手感的作品。将煮鸡蛋掏洞，挖掉蛋黄，添加一并炒熟的金针菇、口蘑、火腿、鱿鱼粒，除了让味道更鲜美，还含有细腻的口感。假日聚餐，做上一盘好看又好吃的蛋里藏珍，让客人在大快朵颐的同时，还能感受主人的用心和热情。

材料

西蓝花	100 克
金针菇	50 克
口蘑	30 克
火腿	25 克
鱿鱼	20 克
熟鸡蛋	6 个
姜末	5 克
葱末	5 克

调料

盐	3 克
味精	1 克
水淀粉	适量
蚝油	5 毫升
料酒	5 毫升
食用油	适量

❶ 将熟鸡蛋去壳，用勺子挖掉蛋黄，摆盘备用。

❷ 把洗净的鱿鱼切丝后再切粒。

❸ 加少许盐、少许味精、水淀粉拌匀，腌15分钟。

❹ 火腿切丝后切粒。

❺ 将洗净的金针菇切粒。

❻ 将洗净的口蘑切片，再切丝，剁成粒状。

❼ 将洗净的西蓝花切瓣。

❽ 将西蓝花浸泡于凉开水中。

做法演示

❶ 锅中加清水烧开，加食用油、剩余盐、少许味精。

❷ 倒入口蘑粒、金针菇粒，煮约1分钟。

❸ 捞出后用毛巾吸干水分，盛盘备用。

❹ 另起锅注水烧热，加油后倒入西蓝花。

❺ 煮约1分钟，捞出西蓝花备用。

❻ 用油起锅，倒入姜末、葱末爆香。

❼ 倒入火腿粒、鱿鱼粒炒匀。

❽ 加料酒炒香。

❾ 倒入金针菇粒和口蘑粒。

❿ 加剩余盐、蚝油、剩余味精调味。

⓫ 起锅，盛入盘中，备用。

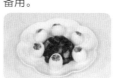

⓬ 将西蓝花放入碗中。

⓭ 然后倒扣入盘中。

⓮ 将炒好的材料填入鸡蛋中。

⓯ 摆好盘即可。

三鲜蒸滑蛋

🕐 10分钟　　✖ 清热解毒
🔺 清淡　　😊 孕产妇

　　蒸滑蛋，广东人也叫"蒸水蛋"。看似简单的三鲜蒸滑蛋，其实操作起来还有很多讲究，在搅打蛋液时加温水，可使蛋羹口感更鲜嫩软滑，入口即化，营养也尽在其中；用小火慢蒸可以让浓郁的香味淋漓尽致地散发出来。成菜是极精致美观的，鸡蛋黄、胡萝卜橙、豌豆绿、虾仁白，端上来，要快速下手，冷了味道可就打折了哦！

材料

胡萝卜	35克
虾仁	30克
豌豆	30克
鸡蛋	2个

调料

水淀粉	10毫升
鸡精	1克
盐	4克
味精	1克
胡椒粉	适量
芝麻油	适量
食用油	适量

❶ 将去皮洗净的胡萝卜切成 0.5 厘米的厚片，切条，再切成丁。

❷ 将洗净的虾仁由背部切作两片，切成丁。

❸ 虾肉加入少许盐、味精。

❹ 加入水淀粉拌匀，腌渍 5 分钟。

❺ 锅中加约 800 毫升清水烧开，加少许盐。

❻ 倒入切好的胡萝卜丁。

❼ 加少许食用油。

❽ 加入洗净的豌豆，拌匀，煮约 1 分钟。

❾ 加入虾仁，煮约 1 分钟。

❿ 将锅中的材料捞出备用。

⓫ 鸡蛋打入碗中。

⓬ 加剩余盐、胡椒粉、鸡精打散调匀。

⓭ 加入适量温水调匀。

⓮ 加少许芝麻油调匀。

做法演示

❶ 取一碗，放入蒸锅，倒入调好的蛋液。

❷ 加盖，慢火蒸约 7 分钟。

❸ 揭盖，加入拌好的材料。

❹ 加盖，蒸 2 分钟至熟透。

❺ 把蒸好的滑蛋取出。

❻ 稍放凉即可。

第 5 章

鲜嫩水产海鲜，
粤菜之家常

　　行走在广东菜市场，随处可见的各类鲜活水产、海鲜绝对会让你大开眼界。海鲜是居住在内陆地区人们梦寐以求的美味，在数千年前就已经是广东人的家常食材了。时至今日，生猛海鲜似乎已成为粤菜的代名词，广东人围绕一个"鲜"字也花了不少心思，本章将带你去见识粤菜水产海鲜烹饪的精妙，沉稳的一招一式之间尽是俘获吃货的绝招。

西芹炒鱼丝

🕐 4分钟　　✂ 降低血压
🔺 清淡　　😊 老年人

节日的饭桌上，荤素搭配很重要，口味调节也很重要。如今的人们，肥膏厚脂吃多了，反而更喜欢清淡爽口的菜式。荤腥菜如何做得清淡，最讲究的是不同食材的巧妙组合。西芹炒鱼丝就是一道清新鲜爽的佳肴，西芹既能提鲜，还能减轻鱼腥味，鱼肉洁白鲜嫩，彩椒的加入让成菜色泽更丰富，十足诱人食欲。

材料		调料	
草鱼	300克	盐	3克
彩椒	70克	味精	1克
西芹	35克	水淀粉	适量
蒜末	5克	料酒	5毫升
姜丝	5克	食用油	适量

❶ 将择洗干净的西芹切段，再切成细丝。

❷ 将彩椒洗净，去蒂、去籽再切成丝。

❸ 将草鱼去皮后剔去腩骨，切薄片，再改切细丝。

❹ 草鱼加少许盐、水淀粉、食用油、少许味精腌10分钟。

❺ 用油起锅，烧至四成热，放入鱼丝。

❻ 滑油片刻，至断生后捞出。

❶ 锅中加油。

❷ 放蒜末、姜丝爆香。

❸ 放彩椒、西芹炒香。

❹ 淋入料酒。

❺ 加入剩余盐、剩余味精调味。

❻ 倒入草鱼丝。

❼ 用剩余水淀粉勾芡，翻炒至熟。

❽ 出锅，盛入盘中即可。

增强免疫力

草鱼

+

豆腐

祛风、清热、平肝

草鱼

+

冬瓜

葱烧鲫鱼

⏱ 10分钟　　❌ 健脾益气

🔺 鲜香　　☺ 女性

　　葱烧鲫鱼不失为一道美味佳肴。小葱水灵，香气袭人，与鲫鱼一同焖煮，香气钻入鱼肉，自己却留得浓油赤酱的润泽，单独食用，也毫不逊色。每一个会吃的人，吃这道菜的时候都会赞誉有加，一小块鱼肉沾满汤汁，拌入米饭，放入口中细细咀嚼，让鱼鲜味和葱香味在口中完全释放，那才叫真正的享受。

材料		调料	
鲫鱼	450克	葱油	适量
葱白	25克	盐	3克
葱段	25克	蚝油	5毫升
姜丝	15克	老抽	3毫升
红椒丝	10克	料酒	5毫升
		淀粉	适量
		水淀粉	适量
		食用油	适量

食材处理

❶ 将鲫鱼宰杀处理干净，加少许料酒、少许盐抹匀。

❷ 撒上淀粉抹匀，腌渍 10 分钟。

做法演示

❶ 热锅注油，烧至五六成热。

❷ 放入鲫鱼，炸约 1 分钟。

❸ 继续炸约 2 分钟，至鱼身两面均呈金黄色捞出。

❹ 锅底留油，倒入姜丝、葱白煸香。

❺ 倒入适量清水，加剩余盐、蚝油、老抽、剩余料酒煮沸。

❻ 放入炸好的鲫鱼。

❼ 加盖大火焖煮 3 分钟。

❽ 揭盖，再煮片刻至熟透。

❾ 盛出装盘。

❿ 原汤汁加红椒丝、水淀粉调成芡汁。

⓫ 撒入葱段，加少许葱油拌匀。

⓬ 将芡汁浇在鱼身上即成。

食物相宜

润肤抗衰

鲫鱼

＋

黑木耳

健脾、利尿

鲫鱼

＋

蘑菇

通乳汁，美白润肤

鲫鱼

＋

绿豆芽

酱香带鱼

⏰ 8分钟 ✕ 健脾益气
🧂 咸香 ☺ 一般人群

　　带鱼属海鱼类，营养价值极高，其中所含的纤维性物质既可以抑制胆固醇，又可以防癌抗癌。很多家庭主妇们每次做海鱼最先想到的就是带鱼，它不仅营养丰富，肉嫩体肥，味美香醇，最主要的是刺少，除了中间的脊骨外，鱼身的细刺很少，小孩和怕刺者均可食用。

材料

带鱼	450克
洋葱末	10克
葱花	10克
蒜末	10克
红椒末	10克
面粉	适量

调料

姜汁酒	适量
南乳	适量
海鲜酱	适量
盐	2克
味精	1克
白糖	2克
生抽	3毫升
水淀粉	适量
食用油	适量

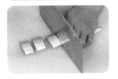

❶ 将处理干净的带鱼切成段。

❷ 带鱼加姜汁酒、少许盐拌匀。

❸ 撒入面粉抓匀。

做法演示

❶ 锅中倒入食用油,烧至六成热,放入带鱼。

❷ 搅拌均匀,炸至金黄色。

❸ 捞出沥干油,备用。

❹ 另起锅,注油烧热。

❺ 放入洋葱末、蒜末、红椒末。

❻ 加入海鲜酱、南乳炒香。

❼ 注水烧开,加入剩余盐、味精、白糖、生抽调味。

❽ 倒入水淀粉调成酱汁。

❾ 倒入炸好的带鱼。

❿ 翻炒均匀。

⓫ 盛入盘中摆好,撒上葱花即成。

食物相宜

保护肝脏

带鱼

枸杞子

补气养血

带鱼

木瓜

提高免疫力

带鱼

豆腐

豆豉蒸草鱼

⏲ 13分钟　　✖ 增强免疫力

🧂 咸香　　☺ 一般人群

　　鱼最健康的吃法就是清蒸，这是最能保留其原汁原味的制作方式。如果吃腻了清淡口味，又想吃得健康，不妨加点豆豉以激活味蕾。豆豉蒸草鱼既有清蒸鱼的鲜美，又有豆豉的香浓，让你忍不住多吃一口。一点小小的心思也可以让简单的食材味道大有不同，丰富了菜肴的口感，更把对家人的那份浓浓关爱借助菜品传递出去。

材料

草鱼	500克
豆豉	30克
姜末	5克
蒜末	5克
红椒末	20克
葱花	5克
姜丝	5克
葱丝	5克

调料

料酒	5毫升
蚝油	5毫升
生抽	3毫升
白糖	2克
芝麻油	适量
淀粉	适量
盐	3克
豆豉汁	适量
食用油	适量

❶ 将洗净的草鱼切"一"字花刀。

❷ 将豆豉剁碎。

❸ 起油锅，倒入少许姜丝、蒜末、红椒末、豆豉爆香。

❹ 加入料酒、蚝油、生抽翻炒均匀。

❺ 加入少许白糖。

❻ 快速拌匀。

❼ 盛出后加入少许盐拌匀，再淋入芝麻油。

❽ 撒上淀粉，拌匀，即成豆豉酱。

做法演示

❶ 鱼肉撒上剩余盐，浇上豆豉汁，铺上做好的豆豉酱。

❷ 放入已预热好的蒸锅中。

❸ 加盖，大火蒸 10 分钟至熟。

❹ 揭盖，从蒸锅中取出蒸好的鱼。

❺ 撒入剩余姜丝、葱丝、葱花。

❻ 淋上熟油即成。

食物相宜

增强免疫力

草鱼

＋

豆腐

温补强身

草鱼

＋

鸡蛋

吉利生鱼卷

🕐 4分钟   ✖ 增强免疫力

🧂 鲜   🙂 一般人群

　　中国人爱吃鱼，不仅因为鱼肉营养价值高，味道鲜美，还因为鱼同"余"谐音，寓意财富好运、年年有余。所以逢年过节或有喜事之时，人们的餐桌上必有一道鱼。吉利生鱼卷采用西式的做法，将生鱼切双飞片，裹上香菇、火腿，蘸上淀粉、蛋汁、面包糠，再下锅油炸。成菜色泽金黄，外酥里嫩，更为节日的餐桌带来耳目一新的感觉。

材料

生鱼	1条
鸡蛋	1个
面包糠	50克
火腿	40克
水发香菇	30克
生菜	20克

调料

盐	5克
味精	3克
淀粉	适量
食用油	适量

食材处理

 ❶ 将洗净的香菇切成条。

 ❷ 将火腿切成条。

 ❸ 将生鱼宰杀处理干净，切下鱼头。

 ❹ 将生鱼剔去脊骨，切取鱼肉，再剔去腩骨。

 ❺ 将鱼肉切双飞片。

 ❻ 将鸡蛋打入碗内，取蛋清使用。

 ❼ 鱼片加少许盐、味精、蛋清拌匀。

 ❽ 加少许淀粉搅拌均匀。

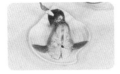 ❾ 鱼头、鱼尾撒上剩余盐，加少许淀粉拌匀。

 ❿ 鸡蛋加淀粉拌匀。

 ⓫ 将香菇丝加盐、油拌匀。

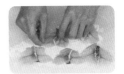 ⓬ 将鱼片摊开。

 ⓭ 放入火腿条、香菇条。

 ⓮ 卷起鱼片，撒上剩余淀粉捏紧。

 ⓯ 将鱼卷生坯蘸上蛋液，裹上面包糠。

做法演示

 ❶ 热锅注油，烧至四成热，放入鱼头炸约1分钟。

 ❷ 捞出炸熟的鱼头。

 ❸ 放入鱼尾。

 ❹ 炸熟捞出。

 ❺ 将炸好的鱼头、鱼尾装入盘中，然后铺上生菜。

 ❻ 将鱼卷生坯放入油锅中，炸约1分钟。

 ❼ 捞出炸好的鱼卷。

 ❽ 摆入盘中即可。

香煎池鱼

🕐 5分钟		✖ 健脾益气	
🌡 鲜		😊 男性	

　　池鱼是一种海鱼，鱼肉鲜美，一般都用来红烧、糖醋等。吃货们都知道，池鱼用来香煎也别有一番风味。池鱼经腌渍、油煎，鱼肉外酥里嫩，就连鱼刺也酥香可口，可一并吞下，那诱人的金黄色更是让人食欲大振。家有老年人和儿童的更适合多做一些，可以补充钙质。

材料

池鱼	200 克
姜	10 克
葱段	10 克

调料

盐	3 克
味精	2 克
胡椒粉	适量
料酒	5 毫升
生抽	3 毫升
食用油	适量

食材处理

❶ 将宰杀洗好的池鱼两面打上"一"字花刀。

❷ 将洗净的姜拍破。

❸ 将池鱼加盐、味精和胡椒粉腌渍片刻。

❹ 将姜和葱段加入料酒挤出汁，即成葱姜酒汁。

❺ 将葱姜酒汁淋在池鱼两面，腌渍 10 分钟至入味。

做法演示

❶ 起锅，注油烧热。

❷ 放入池鱼煎制。

❸ 将两面均煎至金黄色。

❹ 淋入少许生抽，煮片刻至入味。

❺ 将池鱼盛入盘内即成。

小贴士

✪ 俗称"池鱼"的鱼主要是鲭科的鲐鱼和羽鳃鲐，该鱼肉厚刺少，味道尚好，除鲜食外也可腌渍成咸鱼出售。

养生常识

★ 池鱼含有丰富的蛋白质和脂肪，鲜食味美，加工出来的咸品和干品也相当可口。但是食用鲜度较差的池鱼时，则更易发生中毒。

食物相宜

促进新陈代谢

池鱼

玉米

促进食欲

池鱼

柠檬

增强免疫力

池鱼

红椒

茄汁鱼片

⏱ 3分钟　　✖ 开胃消食

⚖ 酸甜　　😊 孕产妇

　　要想吃鱼吃得爽快，又不被鱼刺卡喉，应选择肉厚坚实、易离刺的鱼为主料，如草鱼就不错。茄汁鱼片，将炸得外酥里嫩的鱼片，搭配酸甜可口的番茄汁，酸中带甜，甜中带咸，咸中带鲜，味道丰富而不杂腻，十足开胃可口。吃完鱼肉后，千万别遗忘了酱汁，用来拌饭也是极好的！

材料		调料	
草鱼肉	200 克	盐	3 克
蛋黄	适量	味精	1 克
青椒片	20 克	淀粉	适量
红椒片	20 克	白糖	2 克
蒜末	5 克	水淀粉	适量
葱白	5 克	食用油	适量
		番茄汁	50 毫升

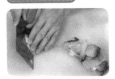
❶ 将洗好的草鱼肉切成片。

❷ 将鱼片装入碗里，加少许盐、味精拌匀。

❸ 鱼片加入蛋黄拌均匀。

❹ 撒上淀粉裹匀，腌渍3~5钟至入味。

❺ 锅置大火上，注油烧热，放入鱼片。

❻ 炸1分钟至熟，捞出鱼片。

做法演示

❶ 另起油锅，倒入蒜末、葱白、青椒片、红椒片爆香。

❷ 注入少许清水。

❸ 倒入番茄汁拌匀煮沸。

❹ 锅中加入剩余盐调味。

❺ 加入白糖调味。

❻ 加入少许水淀粉勾芡。

❼ 倒入鱼片炒匀，淋入熟油拌匀。

❽ 将做好的菜盛入盘内即可。

食物相宜

补虚利尿

草鱼

＋

黑木耳

祛风、清热、平肝

草鱼

＋

冬瓜

补充蛋白质

草鱼

＋

鹌鹑蛋

鱼丸紫菜煲

⏱ 7分钟　　✖ 清热解毒
🌡 鲜　　☺ 一般人群

　　鱼丸是潮汕的传统小食，是将海鱼除头去骨，鱼肉拍打搅烂，加上辅料制成丸状的菜肴。鱼丸可做菜和做汤，尤其以鱼丸紫菜煲最为美味。鱼丸紫菜煲是一道潮汕特色浓郁的家常菜，也是各大正式宴席上的名菜，鱼丸弹牙筋道，紫菜柔嫩润滑，汤鲜美浓香，真可谓"吃在嘴里，爽在心里"。

材料		调料	
鱼丸	180克	盐	2克
水发紫菜	150克	鸡精	1克
姜片	10克	味精	1克
葱花	5克	食用油	适量
枸杞子	适量		

食材处理

❶ 锅中注水烧开，倒入洗好的鱼丸。

❷ 氽烫片刻后，将鱼丸捞出。

做法演示

❶ 另起锅，注入适量水烧开，倒入鱼丸。

❷ 加盐、鸡精、味精。

❸ 倒入少许食用油。

❹ 放入洗好的紫菜，煮2~3分钟至熟透。

❺ 放入洗好的枸杞子、姜片，拌匀，煮片刻。

❻ 将锅中的材料盛入砂锅。

❼ 放置在炉灶上，用小火煲开。

❽ 揭盖，撒入葱花。

❾ 关火，取下砂锅即可食用。

食物相宜

利尿降压

紫菜

决明子

化痰软坚、滋阴润燥

紫菜

猪肉

小贴士

✪ 用紫菜做汤，宜先将汤烧沸，下配料或调料，最后才撕入紫菜并立即起锅，以免紫菜烧煮时间过长后损失营养。

✪ 若紫菜在凉水中浸泡后呈蓝紫色，说明被有毒物质污染过，不可食用。

木瓜红枣生鱼汤

🕐 45分钟　　❌ 降低血脂
🔲 鲜　　😊 一般人群

　　生鱼一向被视为体虚者的滋补佳品，足可见其营养丰富。生鱼一般用来煲汤，尤其在干燥的秋冬季节，配以柔滑而濡泽的木瓜、甘润滋养的红枣，则成一款滋润养颜的汤水。木瓜红枣生鱼汤清润鲜美，能滋养气血、补益身体，男女老少皆宜。常喝此汤，能让你面色红润、肌肤更光滑。

材料

生鱼	1条
红枣	6克
陈皮	3克
木瓜	100克
姜片	5克

调料

盐	3克
鸡精	1克
味精	5克
料酒	5毫升
食用油	适量

食材处理

❶ 将木瓜去皮、去籽、洗净,切成块。

❷ 将生鱼宰杀洗净,切段装盘。

做法演示

❶ 锅中倒入少许食用油,放入姜片爆香。

❷ 倒入生鱼段,两面煎至焦香。

❸ 淋入少许料酒去腥,注入足量清水,加盐。

❹ 加盖煮沸。

❺ 放入红枣、陈皮、姜片、木瓜拌匀,烧开。

❻ 转到砂锅,加盖以小火炖 40 分钟至汤汁呈奶白色。

❼ 加入盐、鸡精、味精,捞去浮沫。

❽ 端出即可。

食物相宜

消除疲劳、健胃消食

木瓜

+

椰子

养阴、补虚

木瓜

+

鱼肉

小贴士

✪ 炖汤时,可根据个人的口感来确定放入木瓜的时间,若不喜欢食用炖烂的木瓜,可在砂锅炖煮 25 分钟后再放入。

养生常识

★ 木瓜中的番木瓜碱对人体有微毒,因此每次食用量不宜过多。

时蔬炒墨鱼

⏱ 3 分钟　　✖ 美容养颜
◭ 清淡　　　☺ 女性

　　墨鱼全身都是宝，不仅味道鲜美、营养丰富，还具有较高的药用价值，是海洋奉献给人类的一味美食和良药，更是女性塑造体形和保养肌肤的理想保健食物。西葫芦含有较多的维生素 C、钙、膳食纤维等营养物质，并且富含水分，有润泽肌肤的作用。这道菜，鲜嫩爽口，是一道真正的美容养颜菜。

材料		调料	
西葫芦	200 克	盐	3 克
墨鱼	100 克	味精	1 克
胡萝卜	80 克	料酒	5 毫升
洋葱	50 克	蚝油	5 毫升
红椒	30 克	淀粉	适量
蒜末	5 克	水淀粉	适量
姜片	5 克	食用油	适量
葱白	5 克		

❶ 将洗好的西葫芦切成片。

❷ 把洗净的洋葱切成片。

❸ 把洗净的胡萝卜切片。

❹ 把洗好的红椒切片。

❺ 将已处理好的墨鱼切丝。

❻ 墨鱼加少许料酒、少许盐、少许味精拌匀，加淀粉拌匀，腌渍 10 分钟至入味。

❼ 锅中加清水烧开，加少许盐、食用油和胡萝卜，拌匀煮沸。

❽ 倒入西葫芦拌匀，再煮 1 分钟至熟。

❾ 捞出煮好的胡萝卜和西葫芦。

❿ 倒入切好的墨鱼。

⓫ 煮沸后捞出备用。

做法演示

❶ 炒锅注油，烧热。

❷ 倒入蒜末、姜片、葱白爆香。

❸ 倒入墨鱼炒匀，加入剩余料酒。

❹ 加入洋葱和红椒炒匀。

❺ 倒入胡萝卜和西葫芦，加剩余盐、剩余味精、蚝油翻炒至熟透。

❻ 淋入少许水淀粉。

❼ 快速拌炒均匀。

❽ 出锅盛入盘中即可。

养生常识

★ 中医认为西葫芦具有清热利尿、除烦止渴、润肺止咳、消肿散结的功效，可用于辅助治疗水肿、腹胀、烦渴、疮毒、小便不利等症。

山药炒虾仁

⏰ 3分钟　❌ 增强免疫力
📊 清淡　　☺ 一般人群

　　作为药食两用之食物，山药经常出现在我们的餐桌上。关于山药，不同的烹饪方法对其营养成分的保留不尽相同，与不同食材搭配也能产生不同的滋补和养生功效。这道菜中山药脆嫩爽口，虾仁鲜嫩软滑，在愉悦人们味蕾的同时，还有健脾益胃的作用。一道成功的菜肴，能同时兼顾美味与养生才是最好的。

材料		调料	
山药	150克	盐	3克
虾仁	80克	味精	1克
彩椒	30克	水淀粉	适量
胡萝卜片	20克	料酒	5毫升
姜片	5克	白醋	适量
葱段	5克	食用油	适量
蛋清	5克	醋水	适量

❶ 将已去皮洗好的山药切片，置于醋水中。

❷ 将洗净的彩椒切成片。

❸ 将虾仁从背部剖开，剔除虾线，装入碗中。

❹ 加入少许盐、味精、蛋清和少许水淀粉抓匀，腌渍片刻。

❺ 锅中注水，加少许油烧开，再加适量白醋和盐，放入山药片。

❻ 倒入彩椒焯熟。

❼ 捞出装盘。

❽ 将虾仁放入热水锅中。

❾ 汆烫片刻后捞出。

❿ 另起锅，注油烧热，倒入虾仁。

⓫ 滑油片刻后，捞出备用。

❶ 锅留底油，倒入胡萝卜片、姜片、葱段。

❷ 倒入山药、彩椒。

❸ 倒入虾仁，加入剩余盐。

❹ 加入少许料酒拌炒匀，后用剩余水淀粉勾芡。

❺ 盛入盘中即可。

增强免疫力

虾

＋

白菜

补肾温阳

虾

＋

葱

增强人体免疫力

虾

＋

豆腐

椒盐基围虾

⏱ 2分钟　　✂ 增强免疫力

🌡 咸　　☺ 一般人群

　　基围虾含有丰富的矿物质和维生素 A，肉质松软，易消化，是身体虚弱者极好的食物。因其肉质肥嫩鲜美，食之无腥味，壳薄无骨刺，老幼皆宜，用来宴客也很合适。成品酥、脆、咸、鲜、香，吃的时候连壳也一并嚼了吧，吃完再吮吮手指，那才叫一个满足！

材料

基围虾	150克
葱末	5克
蒜末	5克
姜末	5克
辣椒圈	20克

调料

椒盐	适量
淀粉	适量
食用油	适量

❶ 将基围虾洗净，切去头须，切开背部。

❷ 完成后装入盘内，撒上淀粉。

❸ 热锅注油，烧至六成热。

❹ 倒入基围虾。

❺ 炸约1分钟至变红后，捞出。

做法演示

❶ 锅留油，倒入少许葱末、蒜末、姜末、辣椒圈煸香。

❷ 倒入基围虾翻炒均匀。

❸ 撒入椒盐，拌炒均匀，再倒入余下葱末。

❹ 将基围虾翻炒片刻。

❺ 码入盘中即成。

食物相宜

增强体质、促进食欲

虾

＋

豆苗

补益肝肾

虾

＋

枸杞子

小贴士

✿ 鲜虾可先氽水后保存，即在入冰箱储存前，先用开水或油氽一下，可使虾的红色固定，鲜味更持久。

虾蓉日本豆腐

⏱ 7分钟　　✗ 提神健脑
🌡 鲜　　　　☺ 儿童

　　日本豆腐虽质感似豆腐，却不含任何豆类成分，是以鸡蛋为主料制作的，具有豆腐的爽滑鲜嫩、鸡蛋的美味清香。香甜嫩滑的日本豆腐，配上爽口弹牙的虾饺，入锅隔水蒸5分钟即可搞定。成菜红黄相间，柔滑油润，味香绵长，强身、美容最是得宜。

材料

虾蓉　　　　120克
日本豆腐　　2条

调料

盐　　　　5克
味精　　　2克
鸡精　　　2克
水淀粉　　适量
食用油　　适量

❶ 将日本豆腐去包衣，切块。

❷ 将切好的日本豆腐整齐地码入盘内。

❸ 用勺子依次挖出小洞来。

❹ 将虾蓉填入每个洞内。

❺ 均匀地撒上少许盐，使之入味。

做法演示

❶ 蒸锅置大火上，放入虾蓉日本豆腐。

❷ 加盖，用中火蒸3 ~ 4分钟至熟。

❸ 揭开锅盖，取出豆腐，倒出水分。

❹ 锅注水烧开，加食用油剩余、盐、味精、鸡精。

❺ 倒入少许水淀粉搅匀，调成芡汁。

❻ 将芡汁淋在豆腐上即成。

小贴士

✪ 用虾蓉制作出来的菜肴口感爽滑，鲜美可口。

✪ 虾肉必须捶成蓉，才能搅打上劲。

✪ 制作虾蓉一般不需要放葱、姜、蒜等香辛调料。

食物相宜

补钙

日本豆腐

＋

鱼肉

通便

日本豆腐

＋

韭菜

清热

日本豆腐

＋

油菜

香酥虾

- 🕐 2分钟
- 🔲 酥脆
- ✖ 增进食欲
- 😊 一般人群

　　虾的做法多种多样，煎、炸、煮都可以，味道同样鲜美。香酥虾是一道很特别的菜，有别于普通的炸虾，是将虾仁裹上一种特殊的糊糊——脆浆糊炸制而成，保留了虾肉本身清甜的滋味。香酥虾外观光润饱满，色泽金黄，质地疏松酥脆，吃起来脆爽十足，让人回味无穷。

材料

虾	200 克
青椒	15 克
红椒	15 克

调料

盐	4 克
淀粉	适量
面粉	150 克
吉士粉	20 克
泡打粉	10 克
食用油	适量

❶ 将吉士粉、泡打粉、面粉制成脆浆粉，加盐拌匀。

❷ 分几次加少许温水，调成面糊。

❸ 加入食用油，静置15分钟。

❹ 将红椒先切丝后切成粒。

❺ 将青椒先切丝后切成粒。

❻ 将洗净的虾去头剥壳，横刀将筋切断。

❼ 将牙签穿入虾仁中，装盘。

❽ 撒上盐，加淀粉拌匀后腌10分钟。

做法演示

❶ 锅注油烧至五成热，虾仁裹上脆浆糊。

❷ 放入油锅炸约1分钟至熟后取出。

❸ 将牙签取出，把炸好的虾仁装盘。

❹ 撒入青椒粒、红椒粒。

❺ 即可食用。

食物相宜

补益肾阳

虾

＋

韭菜花

补脾开胃

虾

＋

香菜

鲜虾干捞粉丝煲

⏱ 4分钟   ✗ 健脾开胃

🔖 鲜   😊 孕产妇

    为了鲜虾干捞粉丝煲能获得更佳的口感，需要先将虾滑油再炒。虾的娇艳色泽也在第一时间证明了自己的新鲜程度，而缠绵在一侧的粉丝，在浓厚酱汁的包裹下也显得味道十足。鲜虾、粉丝二者依偎在砂锅中，可以令温度持久不变，在寒冷的冬季，为家人奉上这样一道佳肴，让人感觉温暖又贴心。

材料		调料	
水发粉丝	300克	盐	3克
虾仁	100克	味精	1克
红椒末	20克	生抽	3毫升
芹菜末	20克	料酒	5毫升
葱末	5克	水淀粉	适量
姜末	5克	食用油	适量
蒜末	5克		

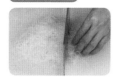

❶ 把水发粉丝切成段。

❷ 将虾仁切丁。

❸ 将虾肉加入少许味精、少许盐拌匀，加入水淀粉拌匀。

❹ 淋入少许食用油腌渍 10 分钟。

❺ 热锅注油，烧至四成热，倒入虾肉。

❻ 滑油片刻后捞出。

做法演示

❶ 用油起锅，倒入葱末、姜末、蒜末爆香。

❷ 倒入虾肉，加料酒炒香。

❸ 倒入粉丝炒匀。

❹ 加入剩余盐、剩余味精、生抽，淋入熟油拌匀。

❺ 放入芹菜末、红椒末。

❻ 快速翻炒均匀。

❼ 盛入砂锅，置于大火上烧开。

❽ 取下砂锅即可。

食物相宜

补脾益气

虾

＋

香菜

补肾壮阳

虾

＋

红枣

养心安神

虾

＋

冬瓜

茄汁基围虾

- 🕐 4分钟
- ✕ 开胃消食
- 🔺 酸甜
- 🙂 儿童

夏天，吃上酸甜可口的菜肴才能勾起食欲，茄汁基围虾就是这样酸甜适中的菜肴。基围虾状如中指，全身透明略带麻点，虾皮特薄，肉质非常细嫩，味道鲜美，易于消化。壳薄肉嫩的基围虾，配上酸酸甜甜的番茄汁，色泽艳丽，芳香四溢，好吃到让人只闻香味就开始流口水了。

材料

基围虾	250 克
蒜末	5 克
红椒末	20 克
洋葱末	20 克

调料

盐	2 克
白糖	2 克
食用油	适量
番茄酱	20 克

① 基围虾洗净，剪去头须、虾脚。

② 将背部切开。

③ 倒入半锅油，烧至七成热，倒入基围虾。

④ 小火浸炸约2分钟至熟且呈红色。

⑤ 将炸好的虾捞出，沥油备用。

做法演示

① 锅置大火上，注油烧热。

② 倒入蒜末、红椒末、洋葱末爆香。

③ 倒入番茄酱拌匀。

④ 加入白糖、盐炒匀。

⑤ 倒入炸好的基围虾。

⑥ 拌炒均匀至入味。

⑦ 将做好的茄汁基围虾夹入盘中。

⑧ 浇上锅中的原汤汁即可。

食物相宜

促进食欲

虾

+

西红柿

增强体质

虾

+

黄瓜

补充蛋白质

虾

+

鸡蛋

莴笋木耳炒虾仁

⏱ 4分钟 ✖ 增强免疫力
⚖ 清淡 ☺ 一般人群

冬天是最容易囤积脂肪的季节，每到寒冷的天气，人们的运动量大减，食欲却大增，一不小心吃多了就会发胖。要想不长肉，清淡饮食、合理搭配食物是秘诀。莴笋口感清脆、爽口，是解油腻的好食材；黑木耳素有"人体清道夫"之美誉；虾仁清淡爽口，易于消化。三者同炒成菜食用，清淡又营养，好吃不怕胖。

材料		调料	
水发黑木耳	80克	盐	5克
莴笋	70克	水淀粉	10毫升
虾仁	60克	味精	1克
胡萝卜片	50克	料酒	5毫升
蒜末	5克	鸡精	1克
姜片	5克	白糖	2克
葱白	5克	食用油	适量

❶ 将去皮洗净的莴笋切成片。

❷ 将洗净的黑木耳切去根部，切成片。

❸ 将洗好的虾仁背部切开，挑去虾线后盛入碗中。

❹ 虾仁加少许盐、味精、水淀粉抓匀，倒入少许食用油，腌渍至入味。

❺ 锅中加适量清水，加少许盐、鸡精、食用油，拌匀后煮沸。

❻ 倒入莴笋片、胡萝卜片拌匀。

❼ 倒入黑木耳拌匀。

❽ 将焯好的材料捞出装盘。

❾ 倒入虾仁。

❿ 汆煮片刻后捞出，盛入碗中。

⓫ 热锅注油，烧至五成热，倒入虾仁。

⓬ 滑油至熟后捞出。

❶ 锅底留油，倒入姜片、蒜末、葱白爆香。

❷ 倒入莴笋片、胡萝卜片、黑木耳。

❸ 拌炒均匀。

❹ 倒入虾仁炒匀，淋入料酒炒香。

❺ 加入剩余盐、剩余白糖、味精炒匀至入味。

❻ 倒入剩余水淀粉。

❼ 拌炒均匀。

❽ 盛出装盘即可。

火龙果海鲜盏

⏱ 5分钟   ✖ 美容养颜

🗄 鲜   ☺ 女性

夏季水果飘香，各类蔬果除了作为茶余饭后必不可少的一道配餐外，还可做成各式的水果菜肴。火龙果从初夏到秋季都有，味道清甜，口感嫩滑，并且低热量、高膳食纤维，用于入菜最适合不过了。火龙果味道清淡，又不会串味，因此与鲜虾、鱿鱼等海鲜同食，既清鲜味美，又不会过于油腻。

材料		调料	
火龙果	180克	盐	2克
西芹	120克	味精	1克
虾仁	100克	白糖	2克
鱿鱼	50克	葱姜酒汁	适量
松仁	10克	水淀粉	适量
姜末	5克	食用油	适量
胡萝卜丁	5克		

① 将火龙果肉切丁，留壳待用。

② 将虾仁洗净切丁。

③ 将处理干净的鱿鱼切丁。

④ 将西芹洗净切丁。

⑤ 鱿鱼、虾仁加葱姜酒汁、少许盐、味精、白糖拌匀。

做法演示

① 锅中注油烧热，放入松仁炸熟捞出。

② 倒入虾仁和鱿鱼丁，滑油至断生捞出。

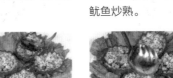

③ 锅留油，倒入胡萝卜、虾仁、西芹、姜末、鱿鱼炒熟。

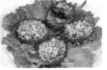

④ 加入剩余盐、味精、白糖、水淀粉、火龙果肉拌炒。

⑤ 将锅中材料分别盛入4个火龙果器皿内。

⑥ 撒入炸熟的松仁即可。

小贴士

❍ 火龙果应放在阴凉通风处保存，而不要放在冰箱中，冻伤后反而更易变质。

❍ 火龙果在选购时要注意是否新鲜，果皮是否鲜亮，触摸时果实较软的火龙果说明已经不新鲜了。

食物相宜

增进食欲

火龙果

＋

虾

美容养颜

火龙果

＋

枸杞子

养生常识

★ 火龙果有预防便秘、保护视力、降血糖、降血脂、降血压、帮助细胞膜形成、降低胆固醇、美白皮肤、防止黑斑形成的作用。

虾仁豆腐

🕐 4分钟　　✖ 增强免疫力

△ 鲜　　☺ 一般人群

豆腐不仅有滑嫩的口感，还有丰富的营养，人们怎能对它不爱呢！虾仁与豆腐的结合是唯美的，外韧里嫩的豆腐充分吸收了虾仁的鲜香，既香醇，又不失鲜美，入口后完全就是鲜香软嫩的享受。当我们吃到令人愉悦的食物时，生活中的很多不快也像溶入了这鲜香的味汁，瞬间化解开来。

材料

豆腐	250克
虾仁	100克
上海青	50克
葱白	3克
姜片	5克
蒜末	5克
葱叶	2克

调料

蚝油	5毫升
老抽	2毫升
盐	2克
味精	1克
鸡精	1克
水淀粉	适量
料酒	适量
食用油	适量

❶ 将洗净的虾仁从背部切开。

❷ 将洗好的上海青对半切开，去叶留梗；洗净的豆腐切块。

❸ 虾仁加少许盐、少许味精、少许料酒抓匀，加少许水淀粉抓匀，腌渍片刻。

❹ 锅中注水烧热，倒入虾仁。

❺ 汆烫片刻捞起。

❻ 起锅热油，烧至六成热，放入豆腐块。

❼ 炸至金黄色，捞出沥油。

❽ 另起锅注水烧热，倒入上海青。

❾ 焯煮约1分钟至熟，捞出盛盘。

做法演示

❶ 炒锅热油，加入蒜末、姜片、葱白炒香。

❷ 倒入煮好的虾仁。

❸ 加剩余料酒炒匀。

❹ 倒入适量清水煮开。

❺ 加入蚝油、老抽、剩余盐、味精、鸡精，炒匀。

❻ 倒入豆腐块炒匀，煮片刻。

❼ 加剩余水淀粉勾芡，倒入葱叶炒匀。

❽ 盛入装有上海青的盘中即成。

补钙

豆腐

+

鱼

防治便秘

豆腐

+

韭菜

蒜蓉干贝蒸丝瓜

🕐 5分钟　　✖ 提神健脑
🔥 鲜　　　　☺ 一般人群

　　炎热的夏季，拒绝大鱼大肉，来一盘简单清淡、健康美味的菜肴很是适宜。这道菜中丝瓜翠绿鲜嫩、清香脆甜，与蒜蓉、干贝等食材同烹，口感清爽，又不失鲜美。一口咬下去，软绵的丝瓜、鲜美的干贝、浓郁的蒜香，在唇齿之间慢慢融化，令人心醉。

材料		调料	
丝瓜	200克	盐	2克
蒜蓉	40克	鸡精	1克
干贝	30克	生抽	3毫升
葱花	5克	食用油	适量

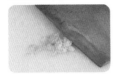 ❶ 将干贝洗净拍碎。

 ❷ 将丝瓜去皮洗净，切棋子形，摆盘。

做法演示

 ❶ 锅置大火上，注油烧热。

 ❷ 倒入干贝煸香。

 ❸ 加蒜蓉炒香。

 ❹ 放入适量盐、鸡精、生抽。

 ❺ 快速炒匀调味。

 ❻ 将炒香的味料浇在丝瓜上。

 ❼ 将丝瓜放入蒸锅。

 ❽ 加盖，蒸3分钟至熟透。

 ❾ 揭盖，取出蒸好的丝瓜。

 ❿ 撒上备好的葱花。

 ⓫ 浇上熟油即成。

养生常识

★ 丝瓜汁水丰富，宜现切现做，以免营养成分随汁水流失。

食物相宜

健胃清热

丝瓜

+

鹅肠

清热泄火

丝瓜

+

豆腐

美容养颜

丝瓜

+

猪肉

蒜蓉粉丝蒸蛏子

🕐 10分钟　　✂ 开胃消食

🧂 鲜　　　　☺ 一般人群

　　蛏肉味道鲜美，营养丰富，肉嫩而鲜，风味独特，是佐酒的佳肴。将蛏子搭配粉丝、蒜蓉蒸着吃，更能保留其本身的鲜美味道。蒸蛏子时析出的汤汁全部融入粉丝中，让粉丝也带有浓郁的海鲜味道，光闻闻香味就让你无法抗拒它的诱惑。最后撒上葱花、浇上热油，赶紧开动吧，简直让人吃得停不了嘴啊！

材料		调料	
蛏子	300克	味精	1克
水发粉丝	100克	盐	3克
蒜蓉	30克	生抽	3毫升
葱花	5克	食用油	适量

食材处理

① 将水发粉丝切成段。

② 将蛏子处理好后摆入盘中。

③ 将粉丝摆放在蛏子上面。

做法演示

① 起油锅倒入部分蒜蓉炒至金黄，再倒入剩余蒜蓉拌匀。

② 加盐、味精、生抽，炒匀调味。

③ 将炒好的蒜蓉盛在摆好的粉丝上。

④ 将摆放蛏子的盘子放入蒸锅。

⑤ 加盖，大火蒸约3分钟至熟。

⑥ 揭开锅盖，取出蒸好的蛏子。

⑦ 撒上葱花。

⑧ 浇上烧热的食用油。

⑨ 稍整理即可。

食物相宜

滋阴

蛏子

＋

枸杞子

辅助治疗产后虚损

蛏子

＋

黄酒

小贴士

- 将蛏子洗净后，放养于含有少量盐分的清水中，待蛏子腹中的泥沙吐净后即可烹饪。
- 蛏子不宜保存，建议现买现食。

养生常识

★ 蛏肉含有丰富的蛋白质、钙、铁、硒、维生素A等营养素，滋味鲜美，营养价值高，具有补虚的功能。

★ 蛏子为发物，过量食用可引发慢性疾病。脾胃虚寒、腹泻者应少食。

干贝冬瓜竹荪汤

🕐 6分钟　　✗ 清热利湿
🔺 鲜　　　　☺ 一般人群

　　竹荪被誉为"菌菇类的皇后"，营养价值很高，具有滋阴益气、消脂减肥的作用；冬瓜含有丰富的膳食纤维，具有清热利湿、利尿消肿的作用。干贝冬瓜竹荪汤喝起来清甜又带着海鲜的鲜味，而且煮起来方便快捷。竹荪的加入，更让鲜美的味道中透出一缕山野清香。

材料

冬瓜	200 克
水发竹荪	20 克
水发干贝	15 克
姜片	5 克
葱花	5 克

调料

盐	3 克
味精	1 克
鸡精	2 克
料酒	5 毫升
胡椒粉	适量
食用油	适量

❶ 将冬瓜去皮洗净，
切成片。

❷ 将水发竹荪切段。

做法演示

❶ 用油起锅。

❷ 倒入姜片爆香。

❸ 放入水发干贝拌炒
均匀。

❹ 倒入冬瓜片炒匀。

❺ 加入料酒和适量
清水。

❻ 加盖煮约3分钟。

❼ 放入竹荪。

❽ 加盖煮约1分钟。

❾ 加盐、鸡精、味精、
胡椒粉调味。

❿ 用小火慢煮片刻，
至入味。

⓫ 将汤盛入碗中，撒
上葱花即可。

小贴士

✿ 干贝表面呈金黄色，掰开来看，里面也是金黄或略呈棕色的就是新
鲜的干贝。如果表面有一层薄薄的白粉状的附着物，则是风干多时的，
这样的干贝，用来煲汤、做粥品还可以，但用来做菜，味道就会稍
逊一些。

食物相宜

降低血压

冬瓜

海带

降低血脂

冬瓜

芦笋

利小便、降血压

冬瓜

口蘑

冬笋海味汤

⏰ 7分钟　　✖ 利尿降压

⬛ 鲜　　🙂 高血压患者

　　冬笋是笋中第一品，既可以生炒，也可以煲汤，鲜美细嫩，清香味浓。将冬笋、上海青与鱿鱼、虾米一同煲汤，使得原本清新淡雅的时蔬因充分吸收了鱿鱼、虾米的浓郁鲜香而变得有滋有味。喝一口汤，唇齿留香；咬一口笋，脆嫩爽口；尝一块鱿鱼，丰润满足！

材料		调料	
鱿鱼	180克	盐	3克
冬笋	120克	鸡精	1克
姜丝	少许	料酒	3毫升
虾米	适量	胡椒粉	适量
上海青	适量	芝麻油	适量

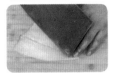 

❶ 将鱿鱼去外皮，切上"十"字花刀，切成片。

❷ 将洗净的冬笋切成片。

做法演示

❶ 在锅中加入适量清水。

❷ 放入姜丝。

❸ 倒入笋片、虾米搅匀烧开。

❹ 倒入鱿鱼片，加盐、鸡精。

❺ 拌匀后略煮。

❻ 加料酒拌匀。

❼ 放入洗净的上海青拌匀。

❽ 加入胡椒粉拌匀。

❾ 淋入芝麻油。

❿ 搅拌均匀。

⓫ 盛出装碗即可。

食物相宜

利尿降压

冬笋

冬瓜

清肺热

冬笋

莴笋

掌握水产海鲜美味诀窍

　　水产海鲜的做法看似复杂，其实一点都不难，只要掌握几个重点就能轻松搞定。由于海鲜本身是适合短时间烹饪的食材，所以只要在做法上加点心思，再搭配上应季的蔬菜或其他食材，便能造就一道道美味无比的佳肴。

鱼类的选购、保鲜、处理和烹饪技巧

鱼类的选购

怎样挑选鲜鱼

　　质量上乘的鲜鱼，眼睛光亮透明，眼球略凸，眼珠周围没有因充血而发红；鱼鳞光亮、整洁、紧贴鱼身；鱼鳃紧闭，呈鲜红或紫红色，无异味；肛门紧缩，洁净，呈苍白或淡粉色；腹部发白，不膨胀；鱼体挺而不软，有弹性。若鱼眼浑浊，眼球下陷或破裂，鳞脱鳃张，肉体松软，色暗，有异味，则是不新鲜的劣质鱼。

如何辨别海鱼和淡水鱼

　　主要从鱼鳞的颜色和鱼的味道加以区别，海鱼的鳞片呈灰白色，薄而光亮，食之味道鲜美；淡水鱼的鳞片较厚，呈黑灰色，食之有土腥味。

怎样识别鱼是否被污染

　　一看鱼形。污染较严重的鱼，其鱼形不整齐，比例不正常，脊椎弯曲僵硬或头大而身瘦、尾小又长。这种鱼容易含有铬、铅等有毒有害的重金属。

　　二观全身。鱼鳞部分脱落，鱼皮发黄，尾部灰青，鱼肉呈绿色，有的鱼肚膨胀，这是铬污染或鱼塘中存有大量碳酸铵的化合物所致。

　　三辨鱼鳃。鱼表面看起来新鲜，但鱼鳃不光滑，形状较粗糙，且呈红色或灰色，这些鱼大都是被污染的鱼。

　　四看鱼眼。鱼看上去体形、鱼鳃虽然正常，但其眼睛浑浊失去光泽，眼球甚至明显向外突起，这也可能是被污染的鱼。

　　五闻气味。被不同毒物污染的鱼有不同的气味：煤油味是被酚类污染，蒜味是被三硝甲苯污染，杏仁苦味是被硝基苯污染，氨水味、农药味是被氨盐类、农药污染。

鱼类的保鲜

　　先去掉鱼内脏、鱼鳞，洗净沥干水分后，切成小段，用保鲜袋或塑料食品袋包装好，以防腥味扩散。然后，再视需要保存时间的长短，分别置入冰箱的冷藏室或冷冻室；冻鱼经包装后可直接贮入冷冻室。放入冰箱贮藏的鱼，质量一定要好。已经冷藏过的鱼，解冻后就不宜再次放入冷冻室作长期贮存。

鱼类的处理

❶ 一定要彻底抠除全部鳃片，避免成菜后鱼头有沙，难吃。

❷ 鱼下巴到鱼肚连接处的鳞紧贴皮肉，鳞片碎小，既不易被清除，却是导致成菜后有腥味的主要原因。在加工淡水鱼和一部分海鲜鱼类时，须特别注意削除颌鳞。

❸ 鲢鱼、鲫鱼、鲤鱼等塘鱼的腹腔内有一层黑膜，既不美观，又是腥味的主要根源，清洗时一定要将其刮除干净。

❹ 鱼的腹内、脊椎骨下方隐藏有一条血筋，加工时要用尖刀将其挑破，冲洗干净。

❺ 有时保留鱼鳍只是为了成菜后的美观，若鱼鳍零乱松散，就应适当修剪或全部剪去。

❻ 鲤鱼等鱼的鱼身两侧各有一根细而长的酸筋，应在加工时剔除。宰杀去鳞后，顺着从头到尾的方向将鱼身抹平，就可看到在鱼的侧面有一条深色的线，酸筋就在这条线的下面。在鱼身最前面靠近鳃盖处割一刀，就可看到一条酸筋，一边用手捏住细筋往外轻拉，一边用刀背轻拍鱼身，直至将两面的酸筋全部抽出即可。

❼ 鱼胆不但有苦味，而且有毒。宰鱼时如果碰破了苦胆，高温蒸煮也不能消除苦味和毒性。但是用酒、小苏打或发酵粉可以使胆汁溶解。因此，在沾了胆汁的鱼肉上涂抹些酒、小苏打或发酵粉，再用冷水冲洗，苦味便可消除。

鱼类的烹饪技巧

怎样煎鱼不粘锅

煎鱼前将锅洗净，擦干后烧热，然后放油，将锅稍加转动，使锅内四周都有油。待油烧热，将鱼放入，煎至鱼皮金黄色时再翻动，这样鱼就不会粘锅。如果油不热就放鱼，就容易使鱼皮粘在锅上。

将鱼洗净后（大鱼可切成块），薄薄沾上一层面粉，待锅里油热后，将鱼放进去煎至金黄色，再翻煎另一面。这样煎出的鱼块完整，也不会粘锅。

怎样煮鱼不会碎

烹制鲜鱼，要先将鲜鱼洗干净，然后用盐均匀地抹遍全身，大鱼腹内也要抹匀，腌渍半小时后再进行炖煮，这样鱼肉就不易碎。切鱼块时，应顺鱼刺下刀，这样鱼块也不易碎。

如何蒸鱼更美味

蒸鱼时，先将锅内水烧开，然后将鱼放在盘子里隔水蒸，切忌用冷水蒸，这是因为鱼在突遇高温时外部组织凝固，会锁住内部鲜汁。条件允许的话，蒸前最好在鱼身上放一些鸡油或猪油，可使鱼肉更加滑嫩。

虾的种类及选购

虾的种类

青虾

青虾又称河虾、沼虾，是一种广泛分布于淡水湖泊的经济虾类。青虾体形粗短，整个身体由头胸部和腹部两部分构成，体表有坚硬的外壳。质量好的青虾，虾体呈青绿色，有光泽，外壳清晰透明，头体连接得很紧密，肌肉为青白色，肉质细密，尾节屈伸性较强。质量次的青虾，色呈灰白，透明度较差，头体连接松散，易脱离，尾节屈伸性差，无异味，仍可食之。变质的青虾，虾体瘫软，变色、变味，不能食用。青虾肉质细嫩鲜美，营养丰富，每100克食用部分含蛋白质16.4克，营养学家认为它有一定的补脑作用。

毛虾

毛虾又称水虾，是一种产于淡水的小型经济虾类。毛虾体长 1～4 厘米，雌虾略大于雄虾。毛虾体极侧扁，甲壳极薄，无色透明。毛虾多进行加工，或将鲜品直接晒干成为生干毛虾，也可煮熟后晒干成为熟虾皮和去皮小虾米，还可制成虾酱、虾油等发酵制品。虾皮和虾米中含有十分丰富的钙、磷、铁及烟酸等营养成分。其中，钙是人体骨骼的主要组成成分，只要每天能保证吃50克虾皮，就可以满足人体对钙质的需要；磷有促进骨骼、牙齿生长发育，加强人体新陈代谢的作用；铁可协助氧气的运输，预防缺铁性贫血；烟酸可促进皮肤神经健康，对舌炎、皮炎等症有一定的防治作用。

基围虾

基围虾泛指基围地带出产的虾类，是接近沿海范围的小河小涌，由渔民从河涌引进大量海水，海水中早有麻虾的精子、卵子，这样养在一起，便养殖成基围虾。基围虾生长在河涌的泥底，身体稍呈黝黑色。基围虾对身体虚弱及病后需要调养的人来说是极好的食物。基围虾有通乳下乳、养血固精、通络止痛、温阳益气等作用。

龙虾

龙虾是名贵的海产品，体呈粗圆筒状，背腹稍平扁，头胸甲发达，坚厚多棘，前缘中央有一对强大的眼上棘。硬壳龙虾被认为是最美味、最有营养的虾类，是消费者的最佳选择；软壳龙虾会在换壳时会丢失掉一部分营养，并吸收大量水分，营养较次。龙虾肉质洁白细嫩，具有高蛋白、低脂肪的特点，营养丰富。龙虾还有一定的药用价值，能化痰止咳，促进手术后伤口的生肌愈合。

小龙虾

小龙虾是存活于淡水中的一种像龙虾的甲壳类动物。小龙虾体内的蛋白质含量较高，占总体的 16% ~ 20%，脂肪含量不到 0.22%，虾肉内锌、碘、硒等微量元素的含量要高于其他食品。小龙虾最好吃的时候是 5 ~ 10 月，膏满肉肥，连大螯上的三节都是从头塞到尾的弹牙雪肌。挑选小龙虾，关键是看由何种水质养殖。背部红亮干净，腹部绒毛和爪上的毫毛白净整齐，基本上就是干净水质养出来的。

虾的选购

如何挑选海虾

野生海虾和养殖海虾在同等大小、同样鲜度时，价格差异很大。一些不法商贩常以养殖海虾冒充野生海虾，其实两者在外观上有很大差别，仔细辨认就不会买错。养殖海虾的须很长，而野生海虾须短；养殖海虾头部"虾枪"长，齿锐，质地较软，而野生海虾头部"虾枪"短，齿钝，质地坚硬。养殖虾的体色受养殖场地影响，体表呈青黑色，色素斑点清晰明显。

在挑选时，首先应注意虾壳是否硬挺、有光泽，虾头、壳身是否紧密附着虾体且坚硬结实，有无剥落。新鲜的海虾无论从色泽、气味上都很正常。另外，还要注意虾体肉质的坚密程度及弹性。劣质海虾的外壳无光泽，甲壳变黑，体色变红，甲壳与虾体分离；虾肉组织松软，有氨臭味；虾的胸部和腹部脱开，头部变红、发黑。

如何挑选淡水虾

新鲜的淡水虾色泽正常，体表有光泽，背面为黄色，体两侧和腹面为白色，一般雌虾为青白色，雄虾为蛋黄色。通常雌虾大于雄虾。虾体完整，头尾紧密相连，虾壳与虾肉紧贴。用手触摸时，感觉硬实而有弹性。虾体变黄并失去光泽，或虾身节间出现黑腰，头与体、壳与肉连接松散、分离，弹性较差的为次品。虾体瘫软如泥、脱壳、体色黑紫、有异臭味的为变质虾。

螃蟹的选购、存养、清洗与烹饪

螃蟹的选购

选购河蟹有何窍门

河蟹要买活的，千万不能食用死蟹。要选购最优质的河蟹就得看蟹壳是否青绿色、有光泽，连续吐泡有声音，翻扣在地上能很快翻转过来。优质河蟹蟹腿完整、坚实、肥壮，腿毛顺，爬得快，蟹螯灵活劲大，腹部灰白，脐部完整饱满，用手捏有质感，分量较重。不新鲜的蟹腿肉松、瘦小，分量较轻，行动不活泼，背色呈暗红色，肉质自然松软，味道也就不鲜美。

如何选购大闸蟹

从外观来看，大闸蟹应选螯夹力大，腿毛顺，腿完整饱满，壳呈青绿色，不断吐泡并发出声音的。以手按蟹腹，腿立即缩回，以手按蟹盖，眼睛亦立即回收者为佳。用手掂量一下，有分量，而且蟹脐略有隆起的大闸蟹，必定是鲜活、多肉而肥美的。大闸蟹以每只重量 0.25 千克最为适宜，太大或太小都不好。

螃蟹的烹饪技巧

如何蒸煮螃蟹

蒸煮螃蟹时，一定要凉水下锅，这样蟹腿才不易脱落。由于螃蟹是在淤泥中生长的，体内往往带有一些毒素，为防止这些致病微生物侵入人体，在食用螃蟹时一定要蒸熟煮透。一般来说，根据螃蟹大小，在水烧开后再蒸煮 8～10 分钟为宜，这样肉质熟透却不会过烂。螃蟹彻底煮熟的标志是蟹黄已经呈红黄色，这样就表明螃蟹可以食用了。

蒸螃蟹时应将其捆住，防止蒸熟后掉腿和流黄。也可以在蒸煮前用一只手抓住螃蟹，另一只手将一支打毛衣用的金属针从蟹嘴处斜戳进去 1 厘米左右，然后放在锅中蒸煮，这样蟹脚就不会脱落了。生螃蟹去壳时，先用开水烫 3 分钟，这样蟹肉会很容易取下，而且不会浪费。另外，煮螃蟹时，宜加入一些鲜姜等，以解蟹毒，减其寒性，去除腥味。

螃蟹的存养与清洗

如何存养活蟹

将螃蟹放入一个开口比较大的容器里，放进沙子、清水、少量芝麻和打碎的熟鸡蛋，并把它放在阴凉的地方。这样，活蟹可以存养较长时间而不会死亡。同时，螃蟹吸收了鸡蛋中的营养，蟹肚更壮实丰满，重量明显增加，吃起来更肥美可口。

清洗螃蟹有何技巧

螃蟹的污物比较多，用一般方法不易彻底清除，因此清洗技巧很重要。先将螃蟹浸泡在淡盐水中使其吐净污物，然后用手捏住其背壳，悬空接近盆边，使其双螯恰好能夹住盆边。用刷子刷净其全身，再捏住蟹壳，扳住双螯，将蟹脐翻开，由脐根部向脐尖处挤压脐盖中央的黑线，将粪便挤出，最后用清水冲净即可。

如何保存螃蟹

先用沸水煮，然后放凉，再放进冰箱，等到要烹调时再拿出来，螃蟹的肉质依旧十分鲜美。

海蜇的选购、处理及营养功效

如何选购海蜇

优质海蜇皮：呈白色或浅黄色，有光泽，自然圆形，片大平整，无红衣、杂色、黑斑；肉质厚实均匀且有韧性；无腥臭味；口感松脆可口。

劣质海蜇皮：色泽变深；有异味；手捏韧性差，易碎裂。

优质海蜇头：呈白色、黄褐色或红琥珀色等自然色泽，有光泽，外形完整，无蜇须；肉质厚实，有韧性；无黏稠液体和异味；口感松脆。

劣质海蜇头：呈紫黑色；有异味和脓样液体；手捏韧性差，手拿起时易碎裂。

明矾是海蜇加工过程中必须使用的脱水剂，但使用太多的明矾会造成铝残留过高，食品标准要求盐渍海蜇明矾含量应为1.2%～2.2%，比例合适的明矾能较好地保证产品的口味，提高产品质量，延长产品的保质期。

如何辨别新陈海蜇

一般来说，海蜇越陈质量越好，质感又脆又嫩。新海蜇潮湿，柔嫩，无结晶状盐粒或矾质，色泽较为鲜艳发亮；陈海蜇却与此相反。

如何处理海蜇

要使海蜇清脆爽口，可先将海蜇放入冷水中漂洗，洗净后切成细丝，再放入苏打水中浸泡。苏打粉的投放比例，按500克海蜇放10克苏打粉计算。将海蜇浸泡20分钟，最后用清水洗净，就可以进行烹饪了。用这种方法处理过的海蜇爽脆、柔软，而且不会收缩。此外，海蜇调醋要掌握时间，要在食用前才放醋。太早放醋，海蜇会变软发韧，降低脆嫩感。

海蜇的营养功效

中医认为，海蜇性平、味咸，能化痰软坚、平肝解毒，具有扩张血管、润肠消积等作用，可用于支气管炎引起的咳嗽、支气管哮喘、高血压等病症。

海蜇有极高的营养价值，是一种脂肪含量极低、蛋白质和矿物质类含量丰富的水产品。据测定，每100克海蜇含蛋白质12.3克、碳水化合物4克、钙182毫克、碘132微克。

海参的选购、泡发与烹饪

如何选购海参

海参的品种很多，不论何种海参，凡质量好的，必定是参体肥壮、饱满、顺挺，肉质厚实，肉刺挺拔鼓壮，体内无泥沙杂质及下陷、收缩缺陷。鲜海参外表皮有的呈深灰褐色，有的则颜色稍浅，其皮质较薄，干燥后肉质为灰白色。

购买干海参时一定要挑选干瘪的，现在有不少不法商贩在海参的加工过程中，为了增加其重量加入了大量的白糖、胶质甚至明矾，这样加工出来的海参虽然不符合产品质量标准，但因为参体异常饱满，颜色也黑亮美观，对消费者具有很大的蒙蔽性。另外，还需要注意，有的海参是经过染色的，外观的颜色非常漆黑，海参的开口处也是黑色的，里面露出的海参筋都是黑色的，千万不要选购。

如何泡发海参

方法一

先用冷水把干海参浸泡 1 天，取出用刀剖开参肚，剔除内脏，洗净，然后放入保温瓶中，倒入开水，盖紧瓶盖，泡发 10 小时左右。在此期间可倒出检查一次，把部分发透的嫩小海参挑出。发好的海参泡在冷水中备用。

方法二

先将干海参洗净泥沙，放入冷水锅中煮沸 10 ~ 20 分钟，捞出放入盆中，加沸水泡 7 ~ 8 小时。如没有发透，手捏有硬心的可再放入沸水中煮 10 分钟，继续用水泡几小时。有时要反复地煮焖和浸泡，但不宜久煮。

方法三

先将干海参置于冷水中，浸泡 30 小时左右，直到海参泡软为止。然后将海参剖开，刮掉参内的白筋和白皮，洗净后添水上锅加盖煮沸，用小火煮 30 分钟左右即可捞出。

如何烹饪海参更入味

水发海参水分充足，难以吸收外加的味道。解决的办法：一是先将海参下油锅炸去一部分水，再行焖烧，这时，空出来的位置正好让其他味道填补；二是调料下得稍重一些，使之入味；三是最后一定要收浓卤汁，以促进卤汁的黏附，解决入味问题。

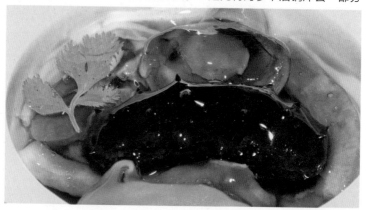